Eberhard Rössler / Fritz Köhl

Vom Original zum Modell: Uboottyp XVII (Walter-Uboote)

Eine Bild- und Plandokumentation

Bernard & Graefe Verlag Bonn

Abbildungsnachweis

Die Zahlen bezeichnen die Seiten, auf denen die Bilder abgedruckt sind, ggf. mit den Zusätzen: oben (o), Mitte (m), unten (u), rechts (r) und links (l).

AEG-Schiffbau	56 u; 57 o; 59
Ahme	14 ur; 31 o
Cloots	34 r
Dressler	20 o; 32
Gabler	14 ul
Gerlach	66 u
HDW	14 or
Historisches Archiv Krupp	11 m; 19; 21; 22 o; 31 u
Illies	60 u; 61 o
Imperial War Museum	36 l (Bu 5286); 36 r (Bu 5285)
Klöckner-Humboldt-Deutz AG	56 o
Köhl	Pläne
Kruska/H. Walter GmbH	8 u; 9; 10 o; 11 o; 13 o; 13 ul; 18 o; 18 m; 23 u; 44; 50 u; 52; 64
Naval Historical Center	24 r; 40 m
Piecyk	35
Richter	62 o
Rössler	6; 7; 12; 15 l; 16; 17; 18 u; 20 u; 23 o; 25 o; 26; 27; 28; 33; 34 l; 39; 40 o; 48; 49; 51 o; 54 l; 57 u; 58; 60 o; 61 m; 62 u; 63 u; 65 o
Royal Navy Submarine Museum	15 ur; 24 l; 25 u; 37; 43 u; 50 o; 51 u; 53; 54 r; 55
Sahlin/Lindberg	41 o; 42 o; 43 o
Sauer	65 u; 66 o; 66 m
Selinger	8 o
U-Boot-Archiv Cuxhaven	22 u
US National Archives	63 o
Vickers-Armstrongs	41 u; 45; 46
Waas	13 ur; 14 ol; 30

Das Titelbild, die Vierergruppe der Gemälde auf Umschlagseite 4 sowie die Farbbilder der Seiten 10 und 35 stammen vom Marinemaler Viktor Gernhard.

Herstellung und Layout: Walter Amann, München
Lithos: Repro GmbH, Ergolding/Landshut
Satz, Druck und Bindung: Rieß-Druck, Benediktbeuern
Printed in Germany

ISBN 3-7637-6009-1

Inhalt

Hinweis: Die ab Seite 67 abgedruckten Pläne sind im Großformat in einer Planmappe erhältlich.

Vorwort

Vor 25 Jahren erschien in der Reihe ‚Wehrwissenschaftliche Berichte' des J. F. Lehmanns Verlages ein Buch über die Walter-Uboote, das der Verfasser gemeinsam mit Emil Kruska, einem engen Mitarbeiter von Prof. Walter, geschrieben hatte. Es war die erste größere Veröffentlichung, die sich speziell mit Hellmuth Walter und den nach ihm benannten schnellen Ubooten beschäftigte.
Damals bestand noch eine gewisse Hoffnung, daß die bahnbrechende Erfindung von Hellmuth Walter in der einen oder anderen Ausführung bei Unterwasserfahrzeugen auch in Zukunft eine Anwendung finden würde.
1965/66 hatte eine 3000 PS-Turbinenanlage (W 15) nach dem neuen Walter-Austauschverfahren die geforderten Leistungen erbracht. Sie war in einem Ubootschuß eingebaut und von Prof. Walter für die kleinen U-Jagd-Uboote der Klasse 202 vorgeschlagen worden. 1961 war vorgesehen, daß das dritte Uboot dieser Klasse,VU 3, diese Anlage erhalten sollte. Das IKL arbeitete unter der Bezeichnung IK 13 bereits Pläne dafür aus. Bei der Marine wurde das Projekt als Klasse 204 geführt. Der Bau dieses Versuchs-Ubootes unterblieb dann aber, da nach der Stahlkrise bei den neuen Kampf-Ubooten der Bundesmarine keine Mittel mehr für den Bau und die Erprobung aufwendiger Versuchs-Uboote zur Verfügung standen. Überdies war die Klasse 204 für den U-Jagdzweck und seine umfangreichen Ortungsanlagen zu klein. Es wurde jetzt ein erheblich größerer Entwurf, die Klasse 208, dafür in die langfristige Planung aufgenommen. Auch für ihn kam der Walter-Antrieb als einzig vorliegender und erprobter nichtatomarer Hochleistungsantrieb für Unterwasserfahrt nochmals ins Gespräch, doch im Verteidigungsministerium hatte man bereits auf das Brennstoffzellen-Konzept gesetzt, das ideal mit dem E-Antrieb für Uboote verbunden werden konnte.
Hauptargumente gegen den Turbinenantrieb waren der ungünstige Wirkungsgrad bei niedrigen Fahrtstufen und das gegenüber dem E-Antrieb lautere Maschinengeräusch. Die größte Schwäche des Walter-Antriebes dürfte aber die Außenseiterrolle der neuen Firma H. Walter GmbH im Verteilungskampf um Rüstungsaufträge gewesen sein. Da es vom Verteidigungsministerium keine Fördermittel mehr für langfristige Entwicklungsvorhaben gab, hatten nur noch große Firmen mit eigenen Entwicklungskapazitäten eine Chance.
So sind die Ausführungen in dieser Veröffentlichung wohl ein ‚Schwanengesang' über eine große Erfindung, die wie keine den deutschen und den internationalen Ubootbau in und nach dem Krieg befruchtet hat, ohne selbst eine dauerhafte Anwendung auf diesem Gebiet zu finden.
Die Walter-Uboote gehörten zu den bestgehüteten Geheimnissen der deutschen Kriegsmarine. Erst Anfang Mai 1945 entdeckte eine britische Spezialeinheit bei der Besetzung von Hamburg und Kiel Hinweise auf ihre Existenz. Sofort begann eine fieberhafte Suche besonders nach den Ubooten des Walter-Typs XVII B.
Die drei Uboote U 1405-1407 dieses Typs waren die einzigen fertiggestellten Kampf-Uboote mit Walter-Antrieb, jedoch bei Kriegsende noch nicht einsatzbereit. Ihre neuartige Antriebsanlage war in den Jahren 1943/44 mit den Vorläufern U 792-795 ausführlich erprobt worden. Mit ihr wurden sensationelle Unterwassergeschwindigkeiten und -fahrbereiche erreicht, die diesen kleinen Ubooten trotz ihrer schwachen Bewaffnung eine große Offensivkraft vermittelten. Eine größere Ausführung mit starker Torpedobewaffnung, der Walter-Uboottyp XXVI, befand sich bei Kriegsende in Bau. Es war eine Serie von 100 Ubooten dieses Typs geplant. Englische Fachleute waren von dieser Konstruktion nach Kriegsende so beeindruckt, daß sie starkes Interesse an dem Fertigbau von zwei Booten dieses Typs bei Blohm & Voss zeigten.
Doch ließ die politische Situation dies natürlich nicht zu. Ein Jahrzehnt mühte sich dann die Royal Navy damit ab, zwei entsprechende Walter-Uboote in England zu entwickeln und bauen zu lassen.
Parallel zur Entwicklung des Walter-Antriebs erfolgte bei der Firma Walter und den Bauwerften die Konstruktion von Ubootformen und Steuerungseinrichtungen, die einmal für die erwarteten hohen Unterwassergeschwindigkeiten, zum anderen für die besondere Antriebsart geeignet waren. Wohl bei keinem anderen deutschen Uboot der Kriegsmarine sind dafür derart viele Modellerprobungen in Schleppversuchsanstalten und im Windkanal ausgeführt und dann in umfangreichen wissenschaftlichen Abhandlungen ausgewertet worden. Auch dies macht den Uboottyp XVII B für Modellbauer sehr interessant.
Wichtigste Grundlage für den maßstabsgerechten Modellbau sind exakte Pläne. Diese wurden wieder in bewährter Weise von Fritz Köhl mit Hilfe amtlicher Vorlagen gezeichnet. Für die freundliche Unterstützung bei der Abfassung des Textes und für die Überlassung oder Beschaffung von Fotos und Unterlagen dankt der Autor den Herren Britton, Brüggen, Cloots, Prof. Gabler, Prof. Illies, Lindberg, Kruska, Maber, Dr. Niestlé, Piecyk, Sauer, Prof. Walter, Dr. Waas u. a., den Firmen HDW, H. Walter GmbH und IKL, dem Bundesarchiv-Militärarchiv und dem Historisches Archiv Krupp. Nicht zuletzt gilt mein Dank dem Verlag Bernard & Graefe für die Herausgabe und Herrn Walter Amann für die Betreuung und Herstellung dieser Veröffentlichung.

Berlin, den 10. April 1995
Eberhard Rössler

Hellmuth Walters Weg zum schnellen Uboot

Begonnen hatte es 1925, als der 25 Jahre junge Ingenieur Hellmuth Walter ein Patent für ein Verfahren zur Durchführung eines Kreisprozesses, insbesondere beim Betrieb von Gasturbinen mit isothermischer Verdichtung der Gase, erhielt. Seine Tätigkeit als Entwicklungsingenieur beim Heereswaffenamt in Berlin brachte ihn in unmittelbare Nähe zur Konstruktionsabteilung des Marineamtes. Der damalige Leiter der Fachrichtung Maschinenenbau, Ministerialrat Laudahn, zeigte sich für Walters Pläne, eine derartige Turbine für den Schiffsantrieb zu konstruieren, aufgeschlossen.

1930 war es dann soweit. Das Marineamt erklärte sich damit einverstanden, zunächst die von Walter konzipierten Drehkolbenverdichter, die als Vor- und Nachverdichter für die eigentliche Gasturbine vorgesehen waren, bei der Germaniawerft in Kiel entwickeln zu lassen. Walter siedelte nach Kiel über. Sein Ziel war es, dort eine Gasturbine mit einer Ausgangsleistung von ca. 2000 PS bauen zu lassen.

Der nächste Schritt zum Walter-Uboot erfolgte 1932, als er auf der Suche nach einer bedeutenden Anwendung seiner Gasturbine darauf kam, ihre große Leistung für ein schnelles Unterwasserfahrzeug auszunutzen. Bereits ein Jahr später fand er die Lösung des Problems, einen geeigneten Sauerstoffträger für die Verbrennung und Gaserzeugung unter Wasser zu erhalten, im konzentrierten Wasserstoffperoxid H_2O_2.

Im März 1933 schrieb Walter an den Gründer der Elektro-Chemischen Werke in München, die damals Wasserstoffperoxid in erster Linie für hygienische und kosmetische Zwecke produzierten, dem Ingenieur Albert Pietzsch, und bat um Unterlagen und Angaben über Liefermöglichkeiten für diesen Stoff. Gleichzeitig bemühte er sich darum, das Marineamt für diese neue Idee zu gewinnen. Dort war inzwischen als Nachfolger von Laudahn Ob. Baurat Brandes für Walters Pläne zuständig. Brandes war ein recht vorsichtig handelnder Beamter, aber er hatte junge, für neue Ideen aufgeschlossene Mitarbeiter, von denen sich besonders Dr. Walter Pflaum für Hellmuth Walter einsetzte.

Im August 1933 wandte sich Walter mit einem Vorschlag für ein schnelles Uboot sowohl an Ob. Baurat Brandes als auch an den Leiter des Marinekommandoamtes, Admiral Groos. Da die Entwicklung seiner Gasturbine noch nicht abgeschlossen und ein Erfolg auf diesem Gebiet nicht sicher war, sollte es durch zwei aufgeladene Dieselmotoren im Abgaskreislaufbetrieb mit Sauerstoffzuführung aus zersetztem H_2O_2 seine hohe Unterwasserleistung erhalten.

Die wichtigsten Eigenschaften dieses Entwurfes waren: Überwasserverdrängung 300 m^3, fischförmige Bootsform, Länge 32 m, ausfahrbarer Luftschacht für Überwasserfahrt, wobei der gesamte Bootskörper unter der Oberfläche blieb und mit 4800 PS eine maximale Geschwindigkeit von 26 kn erreicht werden sollte. Bei Unterwasserfahrt mit hochaufgeladenen Dieselmotoren im Kreislaufbetrieb und Sauerstoffzuführung sollten 7500 PS und 30 kn erreichbar sein. Eine Besonderheit bei Unterwasserfahrt war die Erzeugung eines hohen Innendruckes in Räumen, die von der Besatzung nicht betreten zu werden brauchten, wodurch beim Druckkörper Gewicht und Material gespart werden konnten. Der Fahrbereich dieses kleinen Ubootes sollte 2500 sm/15 kn, hiervon 20% unter Wasser, betragen.

Auf Grund dieses Vorschlages erhielt Walter Ende 1933 den Auftrag für den Entwurf eines US-Bootes (Unterwasser-Schnellbootes) von 300-400 t Deplacement, einer Unterwasserhöchstgeschwindigkeit von 24 kn, einem Überwasserfahrbereich von 2000 sm bei 15 kn Marschfahrt und einem Unterwasserfahrbereich von 400-500 sm.

Bei den Zersetzungsversuchen mit hochkonzentriertem H_2O_2 in München hatte sich nun gezeigt, daß die große Wärmeentwicklung den dabei entstehenden Wasserdampf auf hohe Temperaturen und hohen Druck brachte. Beides war für den Dieselmotor ungünstig, dagegen für die Turbine gut zu verwerten. Darauf entwarf Walter im Februar 1934 ein neues Uboot, diesmal mit einem Gasturbinenantrieb.

Eigenschaften dieses neuen Entwurfes:

Überwasserverdrängung	423 m^3
Unterwasserverdrängung	459 m^3
Länge ü. a.	42,5 m
Breite max.	3,9 m
Höchstleistung der Hauptmaschinen	
über Wasser	3200/3450 PS
unter Wasser	10400/11200 PS
Höchstgeschwindigkeit	
über Wasser	21,5 kn
unter Wasser	28 kn
Fahrbereich über Wasser	2000 sm/12,5 kn
unter Wasser	360 sm/20 kn
	91 sm/28 kn

Kraftstoffvorrat (im Außenschiff) 50 t
Bewaffnung: 2 Bugtorpedorohre (2-4 Torpedos)

Auch für dieses Uboot war wieder ein ausfahrbarer Luftschacht für überspülte Überwasserfahrt vorgesehen, der mit einem kleinen Beobachtungsturm verbunden war. Beides sollte in erster Linie eine hohe Geschwindigkeit bei Luftbetrieb ermöglichen, doch wurde damit auch eine extreme Verkleinerung der Überwassersignatur des Ubootes erreicht.

Der H_2O_2-Vorrat von 88 t sollte in Tanks im unteren Teil des 8-förmigen Druckkörpers untergebracht wer-

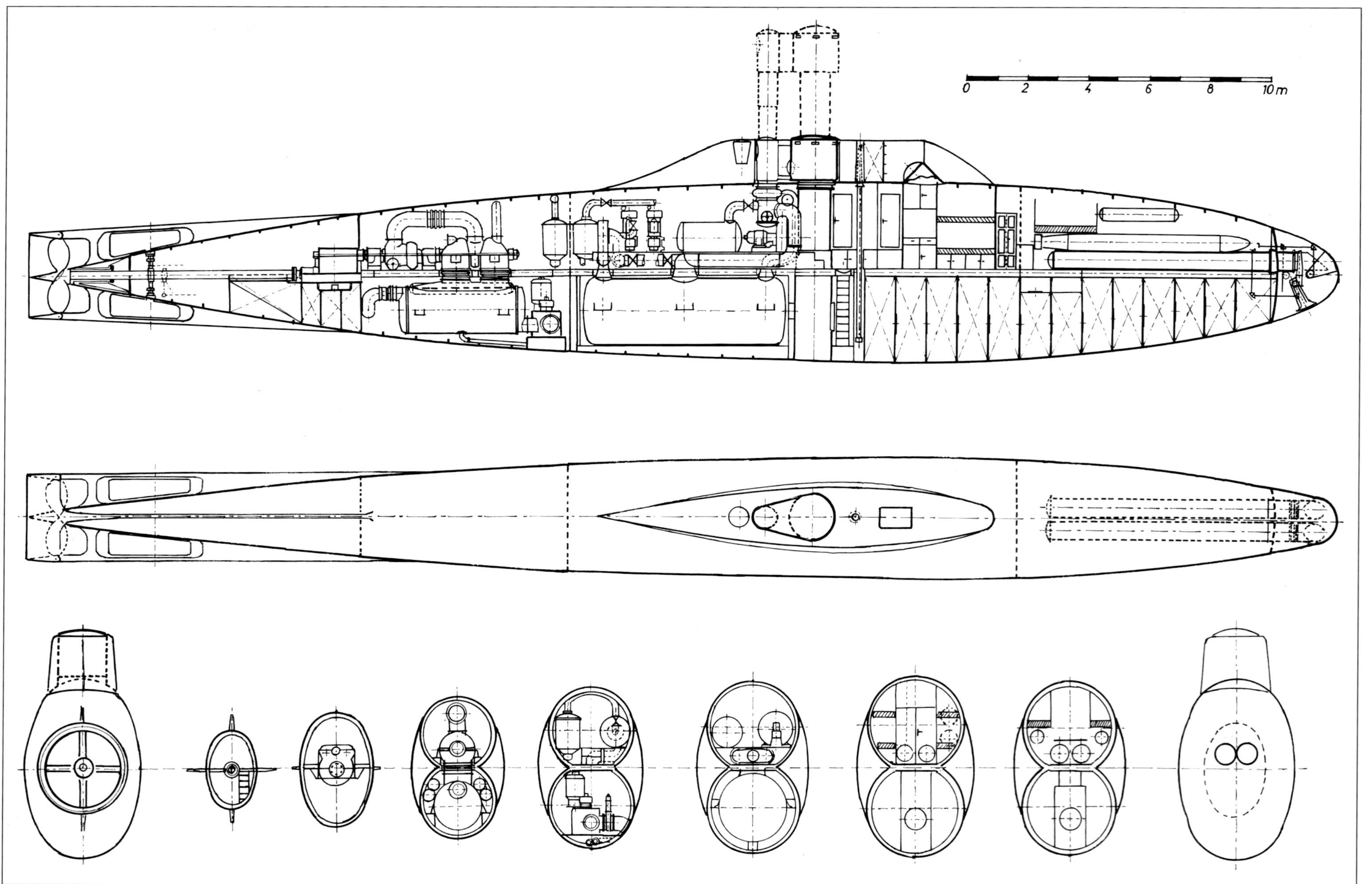

Hellmuth Walter's Entwurf eines US-Bootes mit Turbinenantrieb vom 21. Februar 1934. Es erhielt in der Reichsmarine die Uboot-Typenbezeichnung V.

den. Das war wegen des erforderlichen Gewichtsausgleiches ungünstig. Es war ein weiterer großer Schritt vorwärts, als Walter später auf den Gedanken kam, das Wasserstoffperoxid (spätere Decknamen: AUXILIN, AUROL [nach dem beigefügten Farbstoff], INGOLIN [nach Walter's ältestem Sohn Ingo], T-Stoff [Treibstoff]) im durchfluteten Außenschiff des Ubootes in Kunststoffbeuteln zu lagern.

Am 15. März 1934 legte Walter diesen neuen Entwurf Ob. Baurat Brandes und Baurat Bröking im Konstruktionsamt vor. Er erhielt dort die Ubootbezeichnung Typ V.
Am 10. April 1934 wurde dann Walter vom Chef der Marineleitung beauftragt, die Germaniawerft zur Ausarbeitung eines Angebotes für eine Versuchsanlage nach dem Dampfverfahren, bestehend aus Brennkammer, Brenner, Gasumlaufleitung mit Gebläse und Sauerstofferzeugungsanlage zu veranlassen und selbst einen Vorschlag für eine Kohlensäureabsorptionsanlage baldmöglichst auszuarbeiten und vorzulegen.

Bei den weiteren Untersuchungen kam dann Walter der Gedanke, den Abgas-Kreislaufbetrieb zu verlassen, der ja bei der luftähnlichen Verdünnung des Sauerstoffs durch den bei der Zersetzung entstehenden Wasserdampf gar nicht notwendig war.
Dieses sogenannte direkte Verfahren eines Gasturbinenantriebes mit Mehrstoffregler und -pumpe (T-Stoff, Wasser, Kraftstoff [DEKALIN]), Zersetzer, Brennkammer, Kühler, Kondensator usw. war nicht so schnell zu realisieren, da ja hier viele neue und bisher unerprobte Konstruktionen zusammenkamen. Eine erste Anlage mit einer 4000 PS-Turbine wurde 1936 bei der Germaniawerft aufgebaut und erprobt.

Für die umfangreiche Konstruktionsarbeit hatte Hellmuth Walter am 1. Juli 1935 in seiner Kieler Wohnung, Niemannsweg 117, das ‚Ingenieurbüro H. Walter GmbH' gegründet. Hieraus ging dann die Hellmuth Walter KG hervor, die anfangs ihr Domizil im alten Gaswerk in der Wik aufschlug, bis nach starker Expansion besonders durch Luftwaffenaufträge 1939 das Walter-Werk mit einem großen Verwaltungsgebäude und vielen Prüfständen für ca. 1000 Mitarbeiter in Kiel-Tannenberg aus dem Boden gestampft wurde.

Bei dem Neuaufbau der deutschen Ubootwaffe spielte das Walter-Projekt Typ V keine Rolle. Alle Bemühungen waren auf die Konstruktion und den Bau kurzfristig zu realisierender Uboote mit konventionellem Antrieb ausgerichtet. Doch Walter ließ nicht locker. Auf seinen Vorschlag hin sollte vorerst ein kleines Erprobungs-Uboot gebaut werden, bei dem nur das Wasserdampf-Sauerstoffgemisch aus zersetztem Wasserstoffperoxid der Turbine zugeführt wurde (A-Betrieb). Ein derartiges Uboot könnte relativ schnell verwirklicht werden.
Ein erster Entwurf von 66,25 t mit der Bezeichnung VB 60 wurde 1938 von Walter in Zusammenarbeit mit der Germaniawerft ausgearbeitet. Die Fertigkonstruktion sollte bis Mai, die Herstellung bis September 1939 erfolgen. Gebaut wurde dann aber 1939/40 die vergrößerte Version V 80.

Hauptangaben von V 80:

Überwasserverdrängung	73,24 m^3
Unterwasserverdrängung	76,00 m^3
Länge ü.a.	22,05 m
Breite	2,1 m

Antriebsanlage: 1 Krupp-Germaniawerft Walterturbine von ca. 2000 PS
T-Stoff-Vorrat ca. 20 t

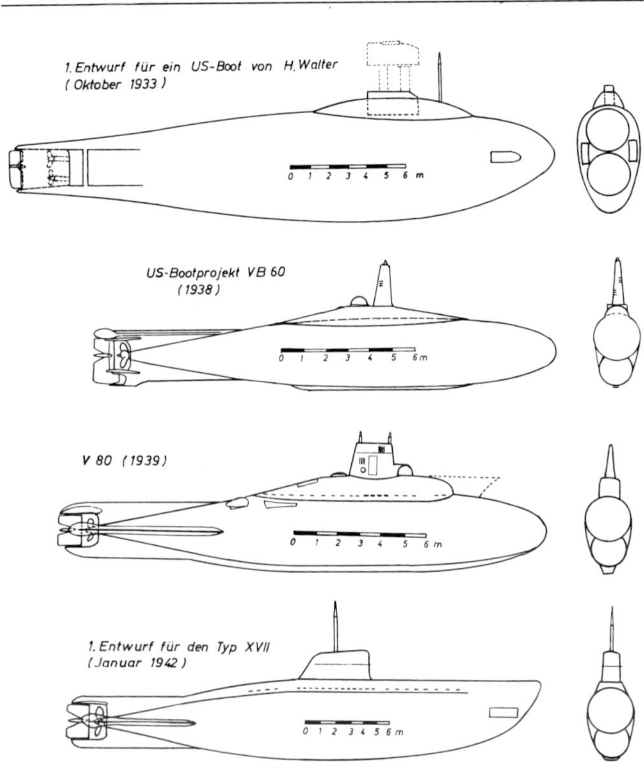

Entwicklung der von Walter konzipierten Bootsformen von 1933 bis 1941.

Aus Geheimhaltungsgründen wurde um den Bauplatz von V 80 auf Helling V der Germaniawerft eine Bretterwand errichtet. Nach dem Stapellauf am 8. April 1940 kam das Boot zur Erprobung in die Schleimündung. Dort war sein Liegeplatz neben dem am 15. Februar 1940 von der Kriegsmarine angekauften Küstenfrachter JOHN REHDER (667 BRT; 58,1 m Länge) und einem überdachten Schwimmdock von ca. 45 m Länge. Die JOHN REHDER erhielt später den Namen POLYP und wurde für ihre Aufgabe als Mutterschiff für die Walter-Uboote umgebaut. In Luke 2 wurde eine Werkstatt, in Luke 1 wurden acht Tanks für T-Stoff eingebaut. An der Bugnase erhielt das Schiff ein schweres Hebegeschirr. Damit konnte später einmal V 80 nach einer Tauchpanne aus 12 m Tiefe vom Grund der Danziger Bucht gehoben werden.

Die ersten Versuche mit V 80 wurden im Sommer 1940 vor Schleimünde durchgeführt. Dabei begleitete

V 80 auf Helling V der Germaniawerft kurz vor dem Stapellauf. Die Fahne ist bereits gehißt.

es das kleine Motorboot INGO (benannt nach Walters Sohn). Die INGO war für diesen Zweck bei der Firma Matthiesen & Paulsen in Arnis gebaut worden.
V 80 erreichte mit seiner Turbine maximal 14 kn auf der Schlei. Wegen der geringen Wassertiefe erschien es nicht ratsam, die Geschwindigkeit hier zu steigern. Aus diesem Grunde, aber auch wegen der größeren Fliegergefährdung in dieser Region, wurde die Erprobung von V 80 nach 20 Versuchsfahrten im Herbst 1940 nach Hela an der Danziger Bucht verlegt.

Hellmuth Walter im Kreise seiner Mitarbeiter nach einer Versuchsfahrt auf V 80.

1941 begannen dort mit V 80 Unterwassermeilenfahrten vor Hela. Bei der 61. Versuchsfahrt wurde am 3. November 1941 in 10 m Wassertiefe bei 1330 WPS und 855 U/min des Propellers eine Geschwindigkeit von 23,1 kn erreicht. Daraus ließ sich ableiten, daß bei voller Turbinenleistung (1875 WPS) max. 27 kn möglich waren. Nach den vorliegenden Unterlagen betrug die höchste gemessene Unterwassergeschwindigkeit von V 80 26,5 kn. Sie wurde am 8. Juli 1942 erreicht und dürfte damals Weltrekord für ein Uboot gewesen sein.

Bei hohen Geschwindigkeiten trat anfangs das Problem auf, daß die Steuerdrähte zu den Rudern in Schwingungen gerieten, wodurch das Boot nicht mehr steuerfähig war und außer Kontrolle geriet. Es tauchte auf und schnitt wieder unter. Diese gefährlichen Bewegungen hörten erst auf, wenn die Turbine gestoppt wurde und die Tauchtanks ausgeblasen waren. Erst als die Steuerdrähte durch Metallstangen ersetzt worden waren, konnten Meilenfahrten mit höheren Geschwindigkeiten durchgeführt werden.
Da das Boot durch seine stumpfe Bugform bei hoher Überwasserfahrt zum Unterschneiden neigte, wurde der Aufbau vorn mit einer scharfen Schneide versehen.

V 80 hatte eine Besatzung von 3-4 Mann. Meistens hatte der zivile Schiffsingenieur Heinz Ullrich, der etwa 100 Fahrten mit V 80 durchgeführt hat, die Leitung. Oft saßen aber auch Hellmuth Walter und seine Mitarbeiter, die ehemaligen Uboot-LIs Heep und Gabler, am Steuer.

V 80 in dem z.T. überdachten Schwimmdock auf der Schlei im Sommer 1940.

V 80 neben dem kleinen Motorschiff INGO, das das Uboot bei seinen Versuchsfahrten stets begleitete.

V 80 bei einer Überwasserfahrt. Deutlich zu erkennen ist die Wasserdampf- und Sauerstoffblasenschleppe hinter dem Boot, die für die Beobachtung des Erprobungsfahrzeuges sehr günstig war.

Doch V 80 war nur ein Versuchsfahrzeug, mit dem der Turbinenantrieb und die Steuerfähigkeit bei hohen Unterwassergeschwindigkeiten erprobt werden sollten. Der nächste Schritt mußte nun zur Großausführung mit der vollständigen Walter-Anlage für das direkte Verfahren und allen für die Ubootverwendung erforderlichen Einrichtungen führen.
Im Frühjahr 1940 wurde vom K-Amtschef, Admiral Fuchs, beim Oberbefehlshaber der Kriegsmarine über die Walter-Uboote vorgetragen. Dabei führte er aus, daß mit einer Großausführung von ca. 500 t erst in 3 bis 4 Jahren gerechnet werden könne. Als Zwischenlösung mit einer Bauzeit von etwa 2 Jahren war ein 330 t-Uboot vorgeschlagen worden, das neben einer konventionellen Antriebsanlage für die Marschfahrt zwei 2000 PS-Walter-Turbinen für 25 kn Unterwasserhöchstfahrt besitzen sollte. Die Bewaffnung war auf zwei Bugtorpedorohre beschränkt, größere Aufbauten waren nicht vorgesehen. Während BdU und SKL/U dieser Zwischenlösung zustimmten, befürchtete der K-Chef durch diese Sonderkonstruktion eine Störung des Ubootprogramms. Der Chef des Stabes der Seekriegsleitung (C/SKL) schlug daraufhin vor, mit der Konstruktion des 330 t-Walter-Ubootes (spätere Bez. V 300) sofort, mit dem Bau aber erst nach erfolgreicher Erprobung von V 80 zu beginnen. Raeder stimmte dem SKL-Vorschlag zu und erteilte dafür der Germaniawerft einen Konstruktionsauftrag.

V 80 mit umgebautem Außenschiff bei einer Überwasserfahrt vor Hela. (Gemälde des Marinemalers Gernhard)

Zwecks Koordinierung der Ansichten und Erfahrungen der Ubootbauer bei der Germaniawerft mit den Ideen Walters wurde am 1. April 1940 im Walterwerk ein Büro K/W (Krupp/Walter) eingerichtet. Mitarbeiter in diesem Büro waren von der Firma Walter Dr. Küntzel (Walter-Antriebsanlage) und von der Germaniawerft die ehemaligen IvS-Konstrukteure R. Wagner und H. Peine sowie Schümann (Schiffbau) und Hemberger (Maschinenbau).
Der erste dort ausgearbeitete Entwurf für V 300 hatte eine Überwasserverdrängung von 360 m^3. Doch es zeigte sich, daß besonders die Forderungen der Marine, in einem derart kleinen Uboot mit der umfangreichen Maschinenanlage (2 Turbinen von je 2180 PS mit der zugehörigen Walter-Anlage, 2 MWM-6 Zylinder-Dieselmotoren von je 150 PS und 2 E-Maschinen von je 75 PS) nicht zu erfüllen waren. Bereits am 30. September 1940 war der Entwurf II auf ca. 500 m^3 angewachsen. In der endgültigen Ausführung III vom 16. September 1941 betrug die Überwasserverdrängung 610 m^3. Da die Turbinenanlage nicht mitgewachsen war, hatte sich die maximale Unterwassergeschwindigkeit von den ursprünglich vorgesehenen 25 kn auf 19 kn verringert. Damit entsprach dieser Entwurf nicht mehr Walters Vorstellungen von einem schnellen Uboot.

Firmenmodell von Walters Entwurf für ein 220 t-Uboot, das zum Vorbild für die Typ XVII-Reihe wurde.

Gemeinsam mit seinen Mitarbeitern entwickelte Hellmuth Walter im Herbst 1941 einen eigenen Entwurf (P 477) für ein Walter-Uboot von 220 t, das mit der Turbinenanlage des V 300-Entwurfes eine maximale Unterwassergeschwindigkeit von 26 kn erreichen konnte. Gleichzeitig bemühte er sich darum, bei den entscheidenden Gremien des OKM mehr Verständnis für seine Vorstellungen von einem schnellen Uboot zu erreichen. Gemeinsam mit dem sehr rührigen Referenten für Walter-Antriebe im Konstruktionsamt, Marinebaurat Waas, lud er deshalb zu einer Vorführung von V 80 im Walter-Stützpunkt Hela ein. Dazu kam es am 14. November 1941. Neben Großadmiral Raeder nahmen noch Admiral Fuchs, der Chef der Technischen Abteilung beim Kommandierenden Admiral der Uboote, Konteradmiral (Ing.) Otto Thedsen, und der Chef der Amtsgruppe Maschinenbau im K-Amt, Ministerialdirektor Ferdinand Brandes, daran teil. Raeder war sehr beeindruckt von V 80 und den weiteren Entwicklungsvorhaben und erklärte zu seiner Begleitung: „Meine Herren, von alledem weiß ich ja

Walter (links) neben Großadmiral Raeder und Ministerialdirektor Brandes bei dem Besuch in Hela am 14. November 1941. In der zweiten Reihe Raeder's Adjutant, Konteradmiral Thedsen und Admiral Fuchs.

gar nichts.“ Anschließend lud er Walter zu einer einstündigen Unterredung in seinen Sonderzug. Es wurde vereinbart, daß Walter alle drei Monate einen Bericht über den Fortgang der Arbeiten vortragen solle. Der K-Amtschef blieb jedoch kühl und interessierte sich mehr für das auch in Hela liegende Engelmann-‚Halbunterseeboot‘, einem Schnellboot mit konventionellem (Diesel)-Antrieb, jedoch unkonventioneller Bootsform, das sich als Fehlkonstruktion herausstellte und nicht mehr weiterentwickelt wurde.
Da die erhoffte Resonanz im K-Amt ausgeblieben war, wandten sich Walter und Waas am 3. Januar 1942 an den Befehlshaber der Uboote, Admiral Dönitz, in Paris. Eigentlich waren Dönitz und Walter ‚Nachbarn‘, da die Familie des BdU in einem Haus wohnte, das Walters Schwiegereltern gehörte. Doch seit der Übersiedlung von Dönitz in sein Hauptquartier in Frankreich gab es kaum noch Kontakte. Dönitz war von der Richtigkeit der Vorstellungen Walters überzeugt, verlangte aber auch noch ein großes, atlantikfähiges Walter-Uboot mit einer hohen Unterwassergeschwindigkeit. Er sandte am 18. Januar 1942 ein Fernschreiben an das OKM, in dem er die Wichtigkeit des schnellen Walter-Ubootes betonte.
Nun war man im K-Amt bereit, dem Bau von zwei Erprobungsbooten auf der Grundlage des neuen Walter-Entwurfes zuzustimmen. Nach einigem Zögern rang man sich auch noch dazu durch, Walters Forderung, diese beiden Uboote bei der Werft Blohm & Voss in Hamburg ausarbeiten (Auftrag 360) und bauen zu lassen, zu entsprechen. Allerdings erklärte das K-Amt am 23. Februar 1942, daß der Serienbau der Typen VIIC und IXC Vorrang hätte und jeder Sondertyp nur störend wirke.
Auch die Germaniawerft bemühte sich um einen Konstruktions- und Bauauftrag für den neuen Walter-Entwurf, obwohl sie ja gerade erst am 18. Februar 1942 einen Bauauftrag für das V 300-Boot U 791 (geplante Fertigstellung 11.1.1944) erhalten hatte. Für ein

zweites Uboot des V 300-Entwurfes war eine Option erteilt und bereits eine Baunummer (G 699) festgelegt worden. Mit dem Versuchsboot U 791 sollten Erfahrungen für den Bau eines mittleren Atlantik-Ubootes mit Walter-Zusatzantrieb gewonnen werden.

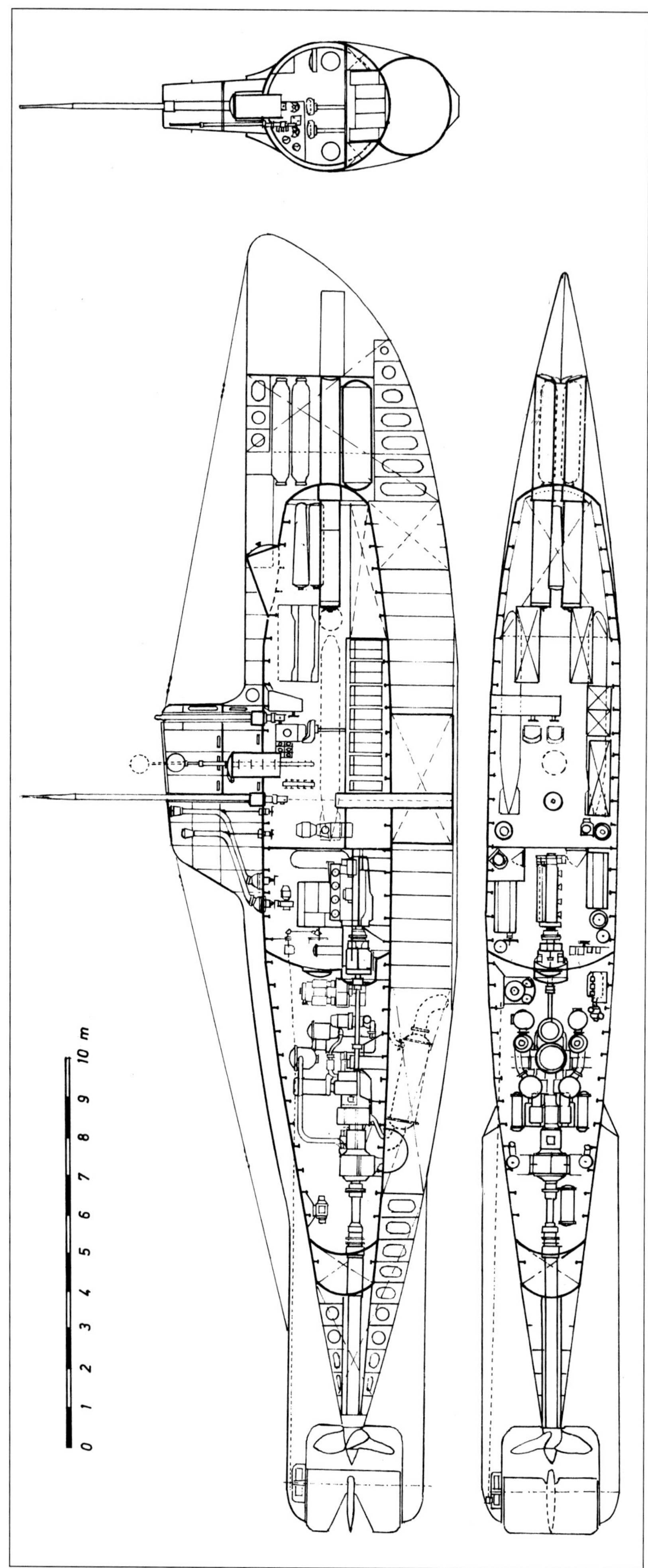

Entwurf eines 220 t-Walter-Ubootes der Firma H. Walter KG vom 13. Januar 1942. Vorläufer der Typen Wa 201/WK 202.

Anhang

Organisation der Marine-Abteilungen bei der H. Walter KG im Herbst 1943

Entwicklungschef und Leitung:
Hellmuth Walter
Assistenten: Dr. Küntzel,
Ob. Ing. Kruska

Abteilung S (Schiffbau):
Hauptabteilungsleiter Dr. Fischer
Assistent Dipl.-Ing. Heep
S 1 (Planung) Dr. Nielsen
S 2 (Konstruktion)
Ob. Ing. Schierloh,
Dipl.-Ing. v. Seydlitz,
Dipl.-Ing. Gabler
S 3 (Versuche) Dr. Nielsen,
Dipl.-Ing. Oestreich
S 4 (Bordmontage und -erprobung)
Ing. Ullrich

Abteilung TM (Marine-Torpedos):
Hauptabteilungsleiter
Prof. Dr.-Ing. Krämer
TM 1 (Projekte) Dr. Hausberg
TM 2 (Konstruktion) Dr. Schade
TM 3 (Versuche) Dr. Oldenburg
TM 4 (Nachbau) Ing. Osse
TM 5 (Außendienst) Ing. Petersen

Die Wirkungsstätte der Walter-Konstrukteure: das Walterwerk an der Projensdorfer Straße in Kiel-Tannenberg im Jahre 1943.

Walters wichtigste Gefolgsleute bei der Kriegsmarine:

Dr.-Ing. Piening (rechts) und Hellmuth Walter vor dem Eingang Walters erster Firmenstätte auf dem Gelände des alten Gaswerkes in Kiel-Wik. Dr. Piening war von 1934-1938 Referent für Walter-Antriebe in der Abteilung K II des Marinekonstruktionsamtes. Später war er für die T-Stoff-Versorgung der Kriegsmarine zuständig.

Dipl.-Ing. Heinrich Waas im Jahre 1939. Er war als wissenschaftlicher Hilfsarbeiter vom Heinrich Hertz-Institut für Schwingungsforschung zum K-Amt gekommen und außerplanmäßig zum Marinebaurat ernannt worden. Von 1938 bis Kriegsende war er hier federführend für Walters Vorschläge und Aufträge zuständig. Er war der wohl eifrigste Verfechter von Walters Ideen im OKM.

Baudirektor Dr.-Ing. Karl Fischer. Er wurde im Frühjahr 1943 von Dönitz dem Walterwerk zur Verfügung gestellt und übernahm hier die Hauptabteilung Schiffbau. Für die Fertigkonstruktion des Walter-Typs XXVI übernahm er im Frühjahr 1944 die Leitung des Zentralen Ubootkonstruktionsbüros IEG in Blankenburg.

Zwanzig Jahre danach: Ministerialdirektor Dr.-Ing. Karl Fischer, nun Abteilungsleiter Rüstung im BMdVg, und Prof. Hellmuth Walter bei einem HDW-Empfang. Zu diesem Zeitpunkt lagen bereits die Schatten der sogenannten Stahlkrise auf dem neuen deutschen Ubootbau.

Die Leitenden Ingenieure Obl.(Ing.) Heep (links) und Obl.(Ing.) Gabler (rechts) beim Zusammentreffen ihrer Boote U 203 und U 564 im Sommer 1942 auf dem Atlantik. Beide Diplom-Ingenieure wurden im Herbst 1942 bzw. Anfang 1943 von der Firma Walter als fronterfahrene Konstrukteure angefordert und waren bis Kriegsende mit der Entwicklung von Walter-Ubooten eng verbunden.

Der Leiter der Abteilung Schiffsantriebe bei der Fa. Walter KG, Dipl.-Ing. Heep (links), neben dem Kommandanten des Walter-Ubootes U 795, Obl.z.S. Selle, am 21. März 1944.

Der Bau der Walter-Uboote U 792 - U 795

Nachdem die Grundsatzentscheidung für den Bau von Versuchs-Ubooten nach dem Vorschlag von Hellmuth Walter beim OKM getroffen war, begannen sowohl bei B&V als auch bei der Germaniawerft dafür notwendige Vorbereitungen. Bereits im Februar 1942 wurden von B&V die Turbinen bei Brückner-Kanis & Co, die Dieselmotoren bei Klöckner, Humboldt-Deutz AG und die Planetengetriebe bei Opel/Stoeckicht bestellt und die Werftentwürfe nach den Vorgaben des Walter-Vorschlages ausgearbeitet. Dabei hielt sich die Germaniawerft stärker an dessen Abmessungen und kam zu einem völligeren Boot, während B&V die schärfere Bugform des Walter-Entwurfes beibehielt, jedoch dessen Länge und Verdrängung erheblich überschritt. Der B&V-Entwurf erhielt die Bezeichnung Wa 201, die GW-Ausführung anfangs WK 201, später, um Verwechslungen zu vermeiden, WK 202.

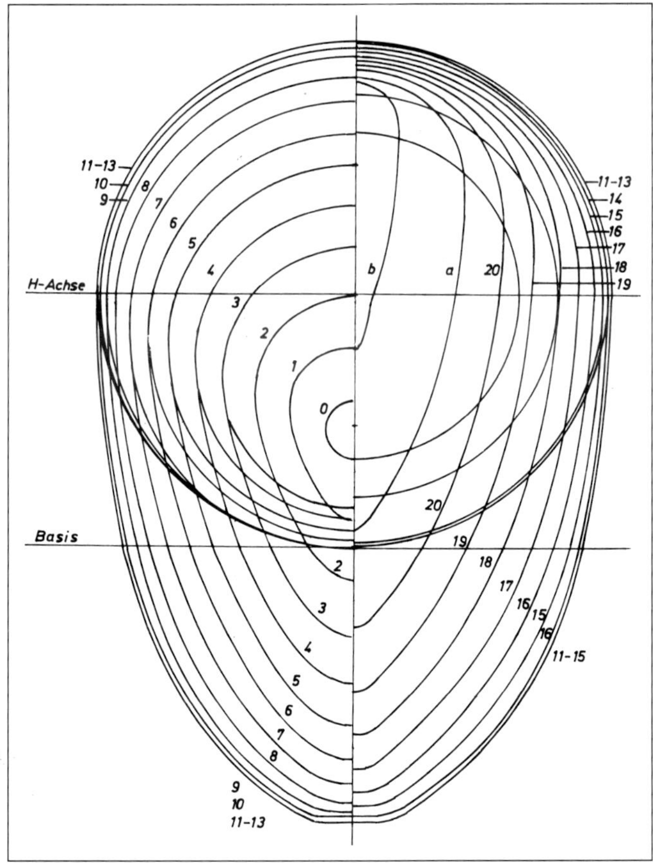

Konstruktionsspantenriß des Uboottyps WK 202.

Im Mai erfolgte dann die endgültige Entscheidung über die Ausführung der B&V-Walter-Uboote. Sie erhielten eine in Anlehnung an Erfahrungen im Flugzeugbau konstruierte neuartige Ruderanlage, bei der die großen Ruderkräfte bei hohen Geschwindigkeiten durch Flettner-Hilfsruder vermindert werden sollten und dadurch Handbedienung ohne Servounterstützung möglich wäre. Dagegen waren beim GW-Entwurf übliche Balanceruder vorgesehen, die mit Hilfe einer Drucköl-Servo-Steuerung bedient werden sollten.

Die Aufträge für die beiden Wa 201-Boote U 792 und U 793 wurden am 19. Juni 1942 erteilt. Gleichzeitig erhielt B&V von der Firma Walter KG einen Auftrag für die Lieferung einer Landtestanlage für den vorgesehenen Turbinenantrieb, die in eine Uboothülle mit den Abmessungen des Wa 201-Entwurfes eingebaut werden sollte. Im November 1942 wurde die Hülle an das Walterwerk geliefert und dort mit der Montage des Prüfstandes begonnen. Im April 1943 stand der Prüfstand kurz vor der Fertigstellung. Um T-Stoff zu sparen, war eigens für die Versuchsläufe mit den Turbinen eine Batterie von 6 kleinen Henschel-Hochdruckkesseln erstellt worden. Die ersten Versuche begannen im Mai 1943 unter der Leitung von Dipl.-Ing. Oestreich. Bei den kompletten Versuchen mit T-Stoff und allen Hilfseinrichtungen im November 1943 wurden folgende Ergebnisse erzielt:

Eingangsdruck bei der Turbine	27,3 ata
Spez. Dampfverbrauch	6,15 kg/PSh
Eingangstemperatur	483° C
Spez. T-Stoff-Verbrauch	2,57 kg/PSh
Ausgangsdruck	2,65 ata
Spez. Kraftstoffverbrauch	0,287 kg/PSh
Turbinenleistung	2595 PS
	bei 13680 U/Min

Landtestanlage für den Walter-Antrieb des Typs XVII auf dem Gelände der H. Walter KG an der Projensdorfer Straße in Kiel-Tannenberg.

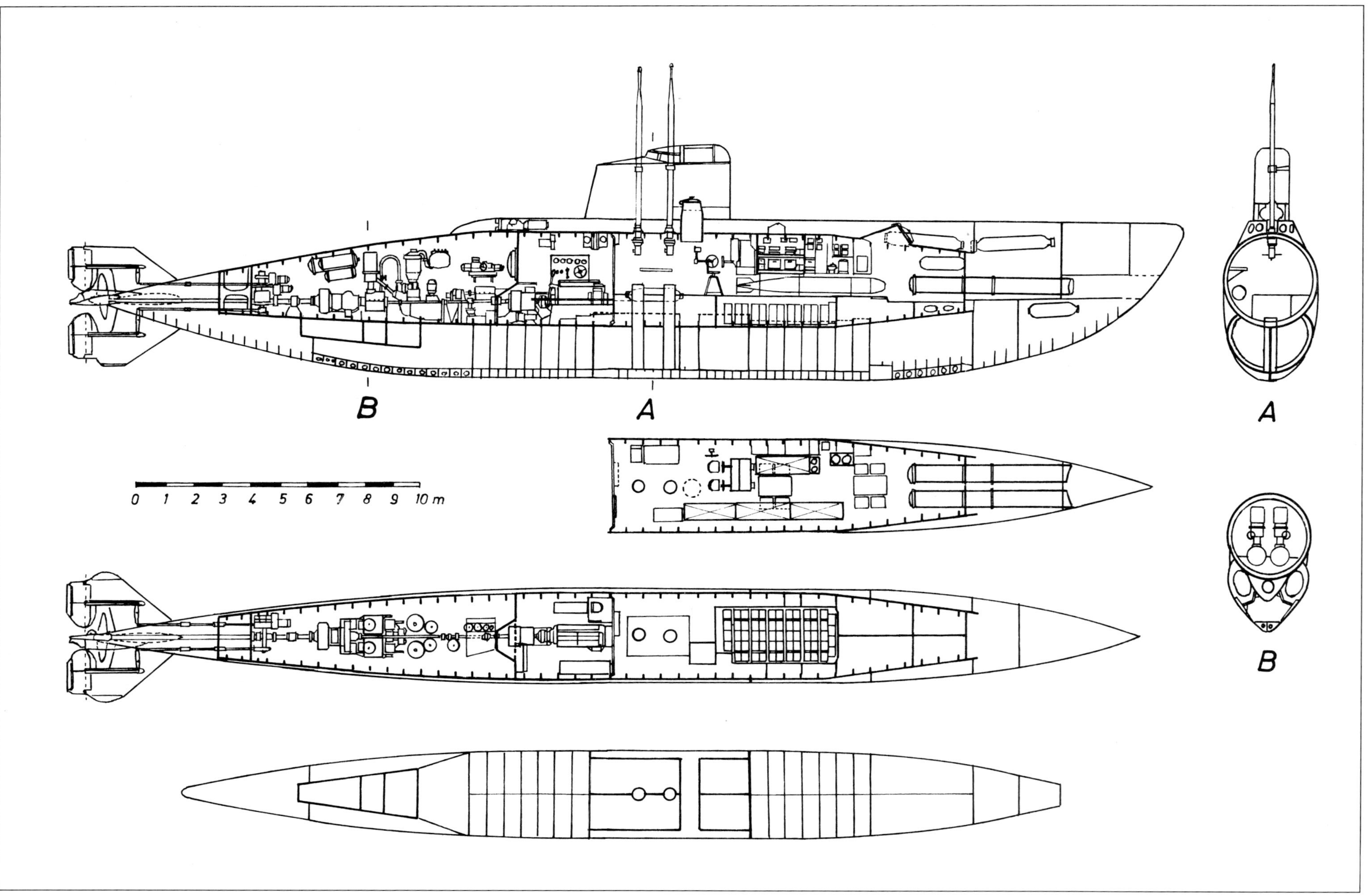

Einrichtungsplan des B&V-Typs Wa 201.

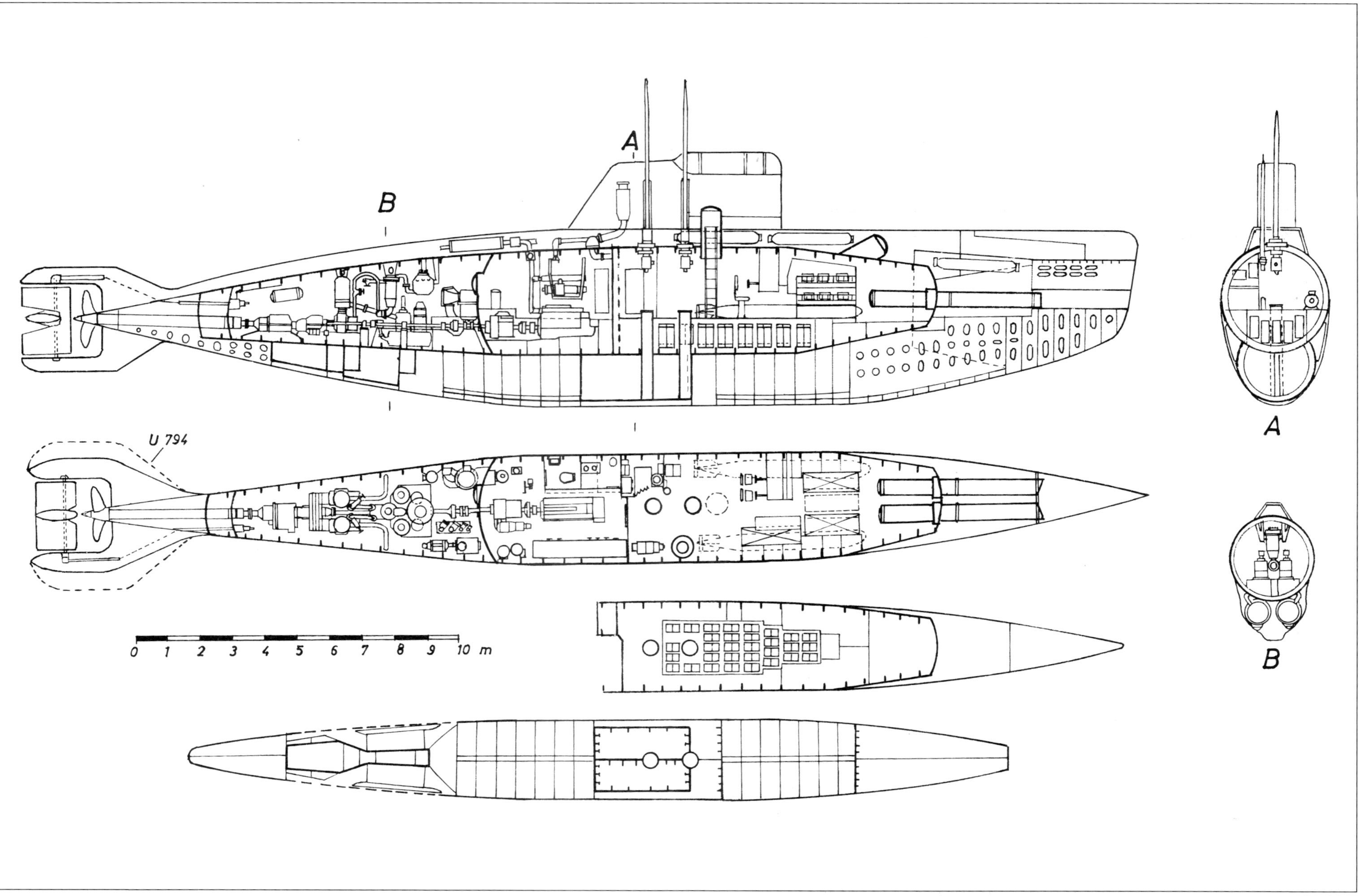

Einrichtungsplan des GW-Typs WK 202.

Modelle der Walter-Uboottypen Wa 201 (oben) und Wk 202 (unten) vor dem Windkanal der Luftfahrt-Forschungsanstalt in Braunschweig. Hier wurde die Steuerwirkung der unterschiedlichen Ruderausführungen gemessen. Aus den daraus erhaltenen Rudermomenten wurde geschlossen, daß die Steuerwirkung bei hohen Geschwindigkeiten besonders bei der B&V-Ausführung gut sein müßte. Die Wirkungen bei niedrigen Geschwindigkeiten wurden erst nach den unerwarteten Erprobungsergebnissen näher untersucht. Berichte darüber sind nach dem Kriege abgefaßt worden: Walter-Bericht S 202 vom 13.7.1945 und Bericht von U. Gabler vom 14.12.1946.

Wegen der Lieferfristen, Bauvorbereitungen und Detailerprobungen konnte die Kiellegung für die beiden Wa 201-Boote erst am 1. Dezember 1942 beginnen. Der Zusammenbau erfolgte abseits der Helgen auf der Montageplatte unter dem großen Hammerkran am Steinwerder Ufer. Im Februar/März 1943 waren die Druckkörper von U 792 und U 793 fertiggestellt und auf Dichtigkeit geprüft. Im März/April sollten Diesel und E-Maschinen und im Mai/Juni die Walter-Anlagen angeliefert werden. Die Montage der Antriebsanlagen erfolgte in der benachbarten Turbinenhalle von B&V.

Mitte Juli 1943 sollte das erste fertiggestellte Walter-Uboot U 792 mit dem 250 t-Kran ins Wasser gesetzt werden, der Stapelhub von U 793 war für Mitte August vorgesehen. Mit den Ablieferungen wurde Anfang September bzw. Anfang Oktober 1943 gerechnet. Verzögerungen bei den Zulieferungen und besonders die erforderliche Verlängerung der Boote im Bereich des Turbinenraumes um fast 2 m führten dazu, daß die beiden Walter-Uboote noch auf der Werft lagen, als am 24. Juli 1943 das Inferno über Hamburg losbrach. Zwar wurde der Ubootbau auf den Helgen von B&V kaum getroffen, jedoch die beiden Maschinenfabriken und das Gelände am Steinwerder Ufer.

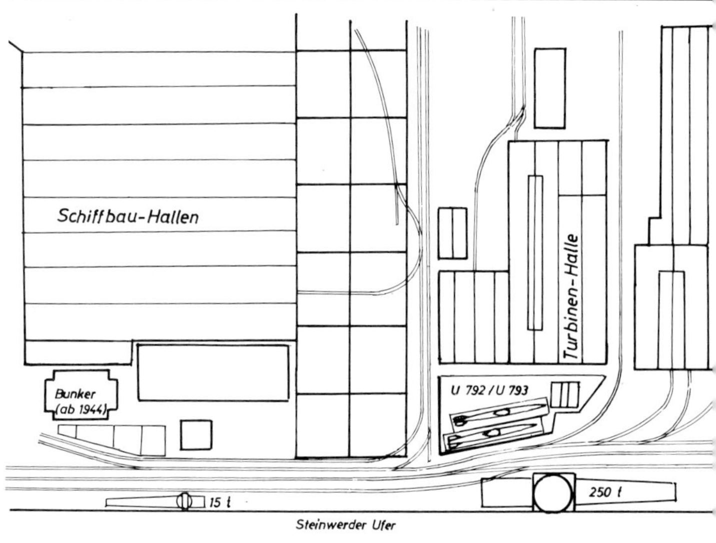

Bauplatz von U 792/793 bei B&V.

Der Rumpf des Walter-Ubootes U 794 wird im August 1943 von einem 150-t-Schwimmkran aus seinem Bauplatz auf Helling VIII der Germaniawerft herausgehoben. Rechts unter der Lattenabdeckung U 795 und links U 249.

Transport des Rumpfes von U794 mit einem Schwimmkran zur Maschinenfabrik der GW an der Hörn, wo der Ausbau des Bootes erfolgte.

Stapelhub von U 794 durch zwei Schwimmkräne am 7. Oktober 1943. Bei dem Boot fehlt noch die Plexiglasabdeckung der Brücke.

Durch einen Nahtreffer am 25. Juli wurden die beiden Wa 201-Boote beschädigt. Das eine Boot kippte um, das andere rutschte von den Pallen. Dazu kam das Ausbleiben der getöteten und vor dem Feuersturm geflüchteten Werftarbeiter. Für das erste Boot wurde die Verschiebung des Stapelhubes auf den 28. September 1943 erforderlich. Die Indienststellung von U 792 erfolgte am 16. November durch den Kommandanten Lt. z. S. Horst Heitz, der vom Juni 1942 ein Jahr lang WO auf U 664 war.
Die Germaniawerft erhielt den Auftrag für die beiden Boote U 794 und U 795 ihres Entwurfes WK 202 erst am 7. August 1942, nachdem sich das K-Amt zur Annullierung des V 300-Bootes durchgerungen hatte. Nach Vorlage des von Dönitz geforderten atlantikfähigen schnellen Ubootes der Firma Walter (Entwurf P 476 - Wa 401 - OKM-Bezeichnung Typ XVIII) auf der Basis der neuen Walter-Uboote (Entwurf P 477) mit ähnlich guten Unterwasserleistungen, war ein weiteres Festhalten am V 300 nicht mehr gerechtfertigt. Entsprechend später erfolgten die Kiellegungen bei der GW erst Anfang Februar 1943 am linken vorderen Abschluß von Helling VIII neben dem Neubau U 249. Sie wurden dort am 31. Juli 1943 von der britischen Luftaufklärung erfaßt und als kleine 110'-Uboote eingestuft. Zur großen Verwunderung der englischen Luftbildauswerter waren sie Anfang September 1943 von der Helling verschwunden und konnten im Kieler Raum nirgends mehr entdeckt werden. Tatsächlich waren die fertigen Bootsrümpfe im August mit einem Schwimmkran zur Maschinenfabrik am Ausrüstungskai der Germaniawerft transportiert worden. Dort erhielten sie dann die Maschinenanlage und die restlichen Einrichtungen eingebaut.
Auch bei der GW konnten die ursprünglichen Fertigstellungstermine 7. 9. und 5.10.1943 nicht eingehalten werden. Das erste GW-Boot U 794 wurde am 7. Oktober 1943 ins Wasser gesetzt. Die Indienststellung folgte am 14. November. Kommandant von U 794 wurde Obl. z. S. Werner Klug, ein erfahrener Ubootoffizier, der vorher auf U 69 unter Kptl. Metzler und als WO auf U 552 unter Kptl. Topp gedient hatte.

Indienststellung des ersten Walter-Ubootes der Kriegsmarine, U 794, am 14. November 1943 bei der Germaniawerft in Kiel. Auf dem Gruppenbild mit den Offizieren und Unteroffizieren sind auch Vertreter der Firma Walter und der Bauwerft zu sehen. In der Mitte der ersten Reihe sitzt mit Hut und Mantel Hellmuth Walter, der sich mit dem Kommandanten, Obl. z. S. Werner Klug, unterhält. Hinter diesen beiden Personen erkennt man in der zweiten Reihe den Leiter der Walter-Erprobungsstelle Hela, Kptl. (Ing.) Heller, der wegen seiner kleinen Körpergröße den Spitznamen Fips besaß. Ganz links sitzt der Flottillenchef der für das Boot jetzt zuständigen 5. U-Flottille, K. Kpt. Moehle. Dahinter steht am linken Bildrand der GW-Direktor v. Sanden.

Indienststellungsfeier von U 794. Nach der Rede von Hellmuth Walter stößt er mit dem Vertreter des Konstruktionsamtes, Ministerialrat Schatzmann, auf den Erfolg der nach ihm benannten Uboote an.

Besatzungsbild bei der Indienststellung von U 792 am 16. November 1943. In der Mitte der ersten Reihe steht der Kommandant, Lt. z. S. Horst Heitz, rechts daneben sein LI, Lt. (Ing.) Krage, links außen als Gast Obl. z. S. v. Bremen.

Schwierigkeiten mit den Ruderanlagen

Zwar war U 792 zehn Tage vor U 794 ins Wasser gekommen, doch verzögerte die nicht ausreichende Steuerfähigkeit bei den Werfterprobungen seine Abnahme. Erst nach mehrfacher Vergrößerung der Ruderfläche um schließlich 62% konnte bei 8 kn Geschwindigkeit und Hartlage ein Überwasser-Drehkreisdurchmesser von 300 m erreicht werden.
Die Abnahme bei beiden Booten am 10. und 11. November beschränkte sich auf Überwassermanöver mit Diesel- und E-Antrieb. Bei beiden Ubooten fehlte der Papenberg-Tiefenmesser für geringe Tauchtiefen. Dafür war ein Tiefenmesser der Fa. Stein & Sohn eingebaut, der sich als wenig brauchbar erwies, da seine Anzeige nachlief. Die Unterwasserfahrversuche von U 794 konnten bei der UAK-Erprobung in Kiel erst nach dem nachträglichen Einbau eines Papenberg-Tiefenmessers am 20. November 1943 beginnen. Beim Fahren mit verschiedenen Geschwindigkeiten auf 9 m Wassertiefe erwies sich die Tiefensteuerung als schwierig. Erst ab 5 kn (Große Fahrt mit E-Antrieb) waren beide Boote durch Ruderbewegungen tiefensteuerfähig. Bei geringerer Geschwindigkeit konnte dadurch keine Tiefenänderung erreicht werden. Die Boote wurden bei unten gelegten Tiefenrudern zwar vorlastig, doch hob der Auftrieb der achteren Ruder den Abtrieb der Lastigkeit auf. Entsprechendes trat bei oben gelegten Rudern auf. Als Abhilfe wurden am 22. November folgende Maßnahmen vorgeschlagen:

1. Bei U 794 Verkleinerung der Flossen zur Verringerung der großen Stabilität.
2. Verringerung der Gewichtsstabilität auf das geringst zulässige Maß durch Umstauen.

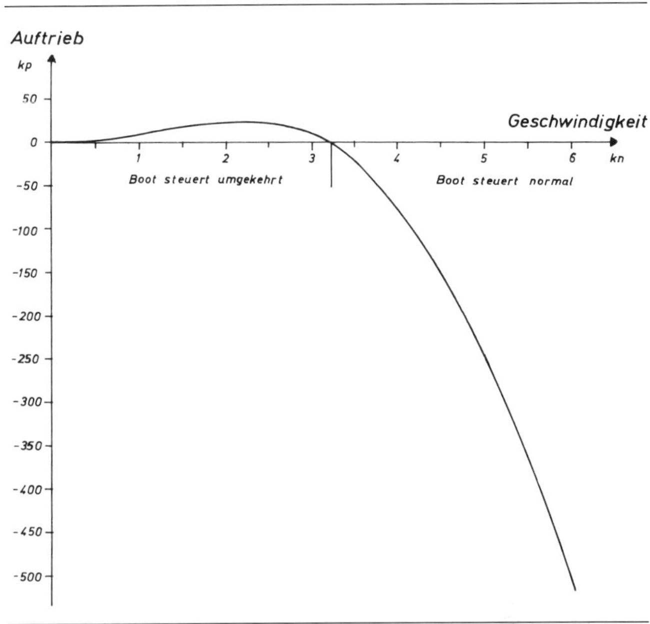

Uboottyp WK 202. Gesamtauftrieb von Boot und Ruder für einen Ruderwinkel von 10°.

3. Anbringen einer drehbaren Flosse auf dem Vorschiff, die zur Verringerung der dynamischen Stabilität bei niedrigen Unterwassergeschwindigkeiten ausgeklappt werden sollte.

Der Einbau von ausschwenkbaren vorderen Tiefenrudern wurde zwar als beste Lösung angesehen, doch hätte dafür die gesamte Steueranlage umgebaut werden müssen.

Vorbeifahrt von U 792 auf dem Kaiser-Wilhelm-Kanal vor dem Gelände des Walter-Werkes im November 1942. Das Boot besitzt hier noch die Plexiglas-Abdeckhaube des Überwasserfahrstandes. Sie sollte bei Unterwasserfahrt eine Verminderung des Bootswiderstandes (bei WK 202 nach Schleppversuchsergebnissen bei 24 kn ca.18%) gegenüber einer offenen Brücke bewirken, bewährte sich aber nicht. Bei Überwasserfahrt beeinträchtigte sie die Sicht durch Beschlagen von innen und Wassertropfen von außen. Bei schnellerer Unterwasserfahrt war sie bei U 792 nicht stabil genug und wurde in Teilen abgerissen. Sie wurde Anfang 1944 bei U 792 beseitigt und durch die Brückenöffnung verschließende Klappen ersetzt. Später entfernte man auch diese Klappen.

Um die wichtigste Aufgabe der beiden Versuchs-Uboote, nämlich die Borderprobung der Walter-Antriebsanlage, nicht zu verzögern, sollten sie in ihrem jetzigen Zustand nach Hela marschieren. Dort sollten nach Anbau einer festen Flosse auf dem Vorschiff dann die Tiefensteuerversuche fortgesetzt werden.

Am 1. Dezember 1943 trafen U 792 und U 794 beim Erprobungskommando für Walter-Uboote in Hela ein. Die militärische Leitung hatte hier Kptl.(Ing.) Erich Heller. Er war im April 1943 zum Chef des Erprobungskommandos und später auch nebendienstlich zum Referent beim UAK für die Abnahme der Walter-Anlagen ernannt worden. Sein Vorgesetzter beim UAK war der Leiter der Zweigstelle Danzig, Kpt. z. S. Erwin Sachs. Das Kommando unterstand direkt dem Chef der Technischen Abteilung beim Kommandierenden Admiral der Uboote, Konteradmiral (Ing.) Otto Thedsen.

Größte Geheimhaltung war die Devise für den Walterstützpunkt an der Nordostseite des kleinen Hafens von Hela. Außer den Besatzungen und Walter-Spezialisten durften hier nur noch fünf Offiziere, darunter Heller und Sachs, dieses Gelände betreten. Selbst hochdekorierten Flottillenchefs und Ubootkommandanten wurde von den Wachposten der Zugang verwehrt.

Anfangs wurden auch hier die beiden Walter-Uboote nur mit Diesel- und E-Antrieb gefahren. Die Walter-Anlagen mußten erst sorgfältig untersucht und bei Standproben überprüft werden. Am 16. Dezember wurden mit U 794 und am 17. und 19. Dezember mit U 792 Unterwassermeilenfahrten mit E-Antrieb durchgeführt, bei denen bei beiden Booten eine feste Flosse von 3,40 m Länge auf dem Vorschiff befestigt war. Nach den Ergebnissen von Windkanalversuchen bei der Luftfahrtforschungsanstalt (LFA) in Braunschweig-Völkenrode war zu erwarten, daß U 792 bei gleichen Bedingungen eine bessere Steuerfähigkeit als U 794 haben würde. Doch das Gegenteil trat ein: Gleich beim Einsteuern war zu erkennen, daß die Stabilität von U 792 größer, seine Ruderkraft jedoch kleiner als bei U 794 war. Als niedrigste Unterwasserfahrgeschwindigkeit für normales Steuern mit Flosse wurden für U 794 ca. 2,7 kn und für U 792 3,6 kn ermittelt. Das war zwar immer noch unbefriedigend, aber man konnte damit leben und hoffte durch weitere Maßnahmen (Vergrößerung der Flosse auf dem Vorschiff) diese Ergebnisse noch etwas verbessern zu können.
Auch die immer noch unbefriedigende Seitensteuereigenschaft von U 792 konnte verbessert werden. Beim ersten Eindocken erhielt das Boot statt des geteilten Seitenruders ein durchgehendes Ruder hinter der Schraube, wodurch der Drehkreisradius verringert wurde.

Ruderanlage eines Holzmodells von Wa 201. Deutlich erkennt man die Flettner-Hilfsruder an den noch geteilten Seidenruderblättern.

Ruderanlage von U 792 in der endgültigen Ausführung.

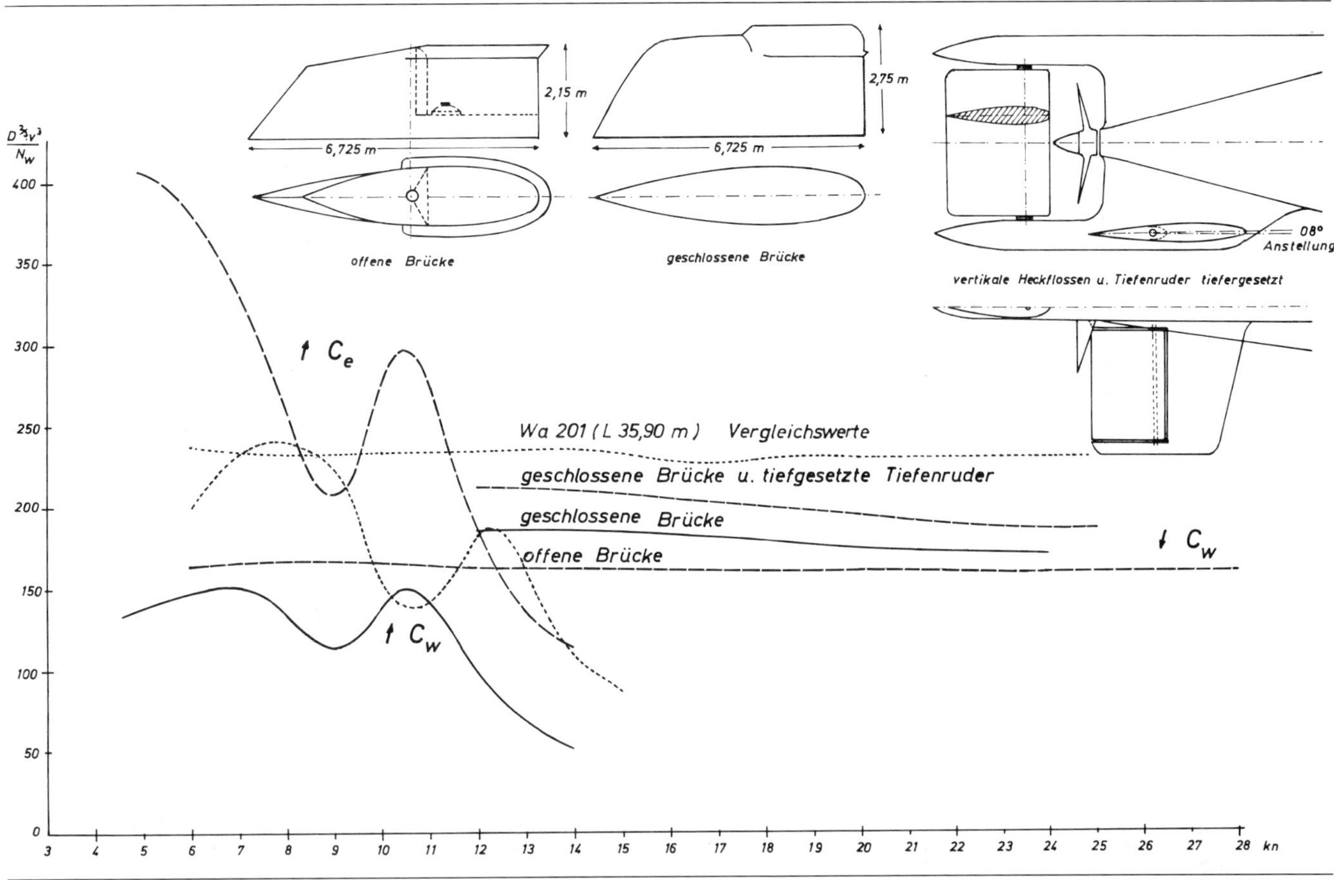

Uboottyp WK 202. C-Werte nach Schleppversuchen bei der HSVA. Durch die tiefgesetzte Heckflosse hätte bei 24 kn Geschwindigkeit ein Leistungsgewinn von ca. 7,5% erreicht werden können. Diese Anordnung kam dann bei den Uboottypen XXII, XXIII und XXVI zur Anwendung.

Holzmodell von WK 202 mit herabgesetzter Flosse für Windkanalversuche.

Die Erprobungen der Walter-Anlagen auf U 792 und U 794

Die erste Versuchsfahrt mit Walter-Antrieb unternahm U 792 am 21. Dezember 1943, nachdem ein vorhergehender Versuch am Vortage wegen Versagens des Vierstoffreglers gescheitert war. Über Wasser wurde die Anlage 10 Minuten lang, dann unter Wasser 12 Minuten lang betrieben.

Dagegen konnte mit U 794 vorerst keine Probefahrt mit Walter-Antrieb durchgeführt werden. Bereits bei dem Standversuch kam es zu einer schwerwiegenden Havarie. Ein T-Stoff-Rohr war undicht. Das austretende Wasserstoffperoxid entzündete sich beim Zusammentreffen mit Schmieröl, und der Turbinenraum brannte. Zwar konnte der Brand rasch gelöscht werden, beim Überholen der Getriebe stellte sich dann heraus, daß diese auf dem GW-Boot völlig verrostet waren. Sie mußten ausgebaut und gesäubert werden. Auch Undichtigkeiten bei den Kraftstoffbunkern wurden festgestellt. Offensichtlich war bei diesem Boot wegen des großen Termindrucks an verschiedenen Stellen mangelhaft gearbeitet worden. Dies verstärkte beim Erprobungskommando die Abneigung gegen die GW-Boote, das den ‚moderneren' B&V-Entwurf besonders nach seinen besseren Modellversuchsergebnissen bei der LFA und der Hamburgischen Schiffbau-Versuchsanstalt (HSVA) schon von vornherein als geeigneter ansah. Nach den HSVA-Schleppversuchen von 1942/43 war zu erwarten, daß die WK 202-Boote mit dem Walter-Antrieb nur eine maximale Unterwassergeschwindigkeit von 24 kn erreichen könnten, während für den Wa 201-Entwurf fast 26 kn angenommen wurden. Allerdings hatten sich bei den WK 202-Booten auch eine Reihe von Vorzügen herausgestellt, insbesondere die solidere Ruderanlage und die bessere Dimensionierung der Kühler. Auch konnten mit U 794 die Über- und Unterwassermeilenfahrten Anfang März und die UAK-Abnahme der Walter-Anlage im April 1944 vor denen von U 792 durchgeführt werden. Doch diente U 794 zum großen Mißvergnügen seines Kommandanten, wenn es wegen einiger Schäden am Pier oder im Dock lag, dann als Ersatzteilspender für die

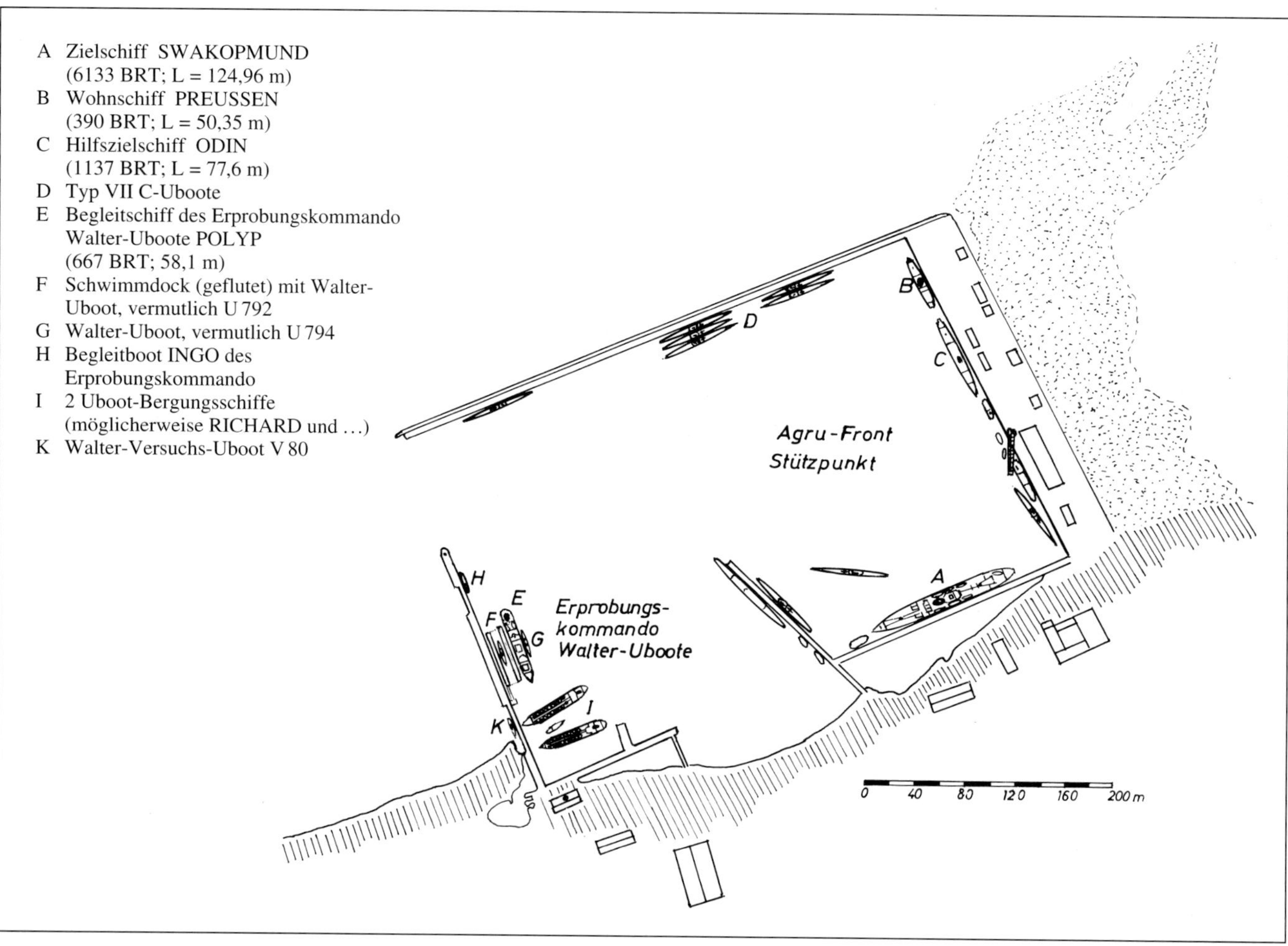

Umzeichnung einer britischen Luftaufnahme vom 8. März 1944, die den Hafen von Hela und den Stützpunkt des Erprobungskommando der Walter-Uboote zeigt. Die Auswertung erfolgte vom Verfasser.

bevorzugten B&V-Boote, die überdies als Vorläufer für die jetzt allein noch im Auftrag befindlichen Frontboote des Typs XVII B natürlich eine größere Bedeutung als die GW-Boote hatten.

So ist es fast als Treppenwitz anzusehen, daß ausgerechnet das ungeliebte Boot U 794 die Ehre hatte, Großadmiral Dönitz die Leistungen und Vorzüge des Walter-Antriebs zu demonstrieren. Dönitz war am 23. März 1944 nach Hela gekommen, um hier 6 Uboote mit verschiedenen Neuerungen (Verbesserung der Tauchzeiten wie auf U 866; Unterwasserauspuff wie auf U 241; 3,7 cm Einmann-Richtkanone; Typ XXI-Flak-Bewaffnung auf U 37; neue Schnorcheleinrichtungen) zu besichtigen. Ganz außen lag das Walter-Versuchsboot U 794 vertäut, das bei dieser Gelegenheit dem Großadmiral vorgestellt wurde. U 792 war gerade von einer Erprobungsfahrt zurückgekehrt und mußte erst Treibstoff übernehmen. Nach einem begeisternden Vortrag von Heller wollte Dönitz an einer Probefahrt mit Walter-Antrieb teilnehmen. „Wann geht das?“ Heller wollte natürlich dafür U 792 benutzen und schlug deshalb den nächsten Tag vor.

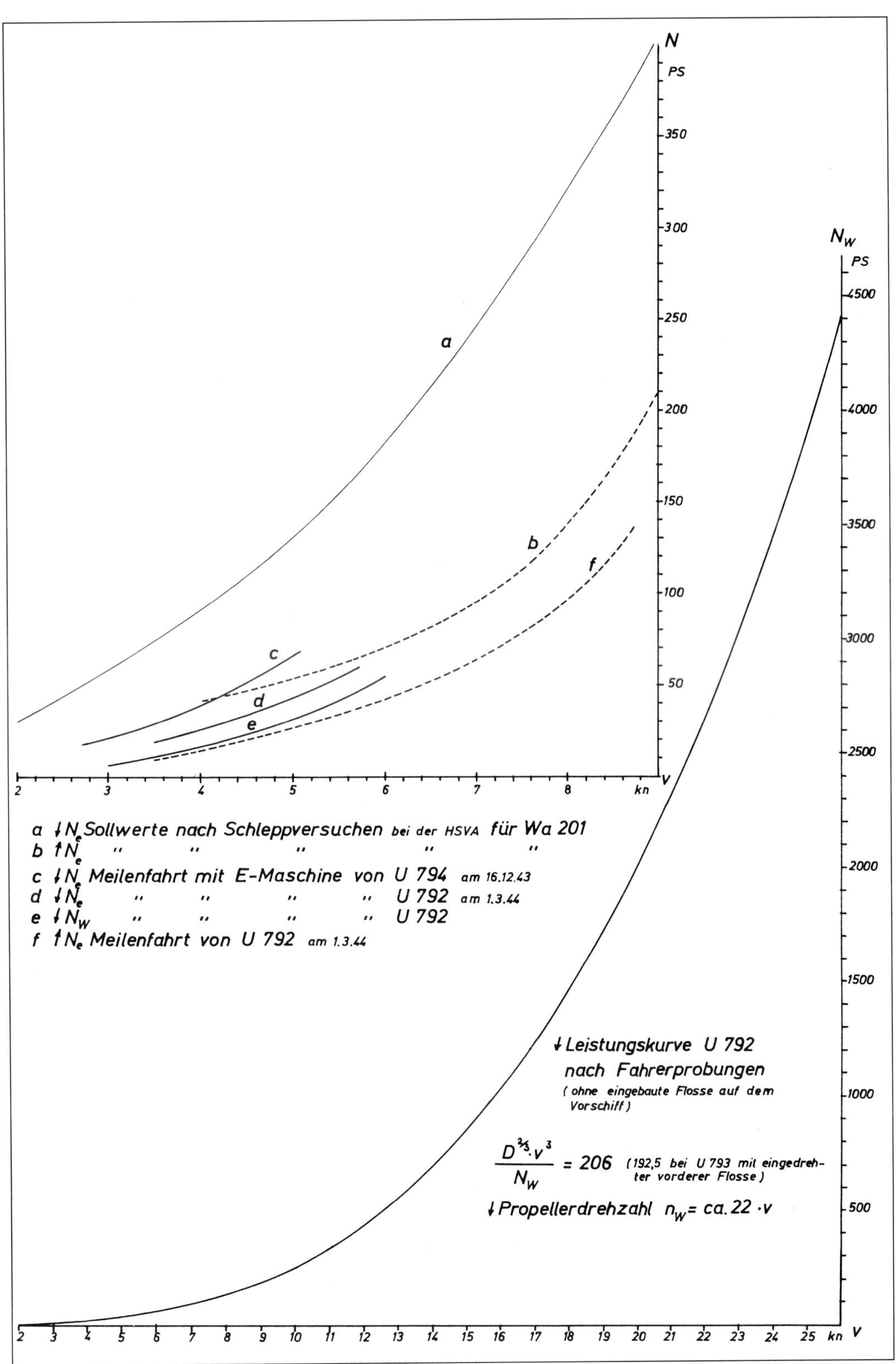

Über- und Unterwasser-Leistungskurven nach Schleppversuchen und Meilenfahrten von U 792 und U 794.

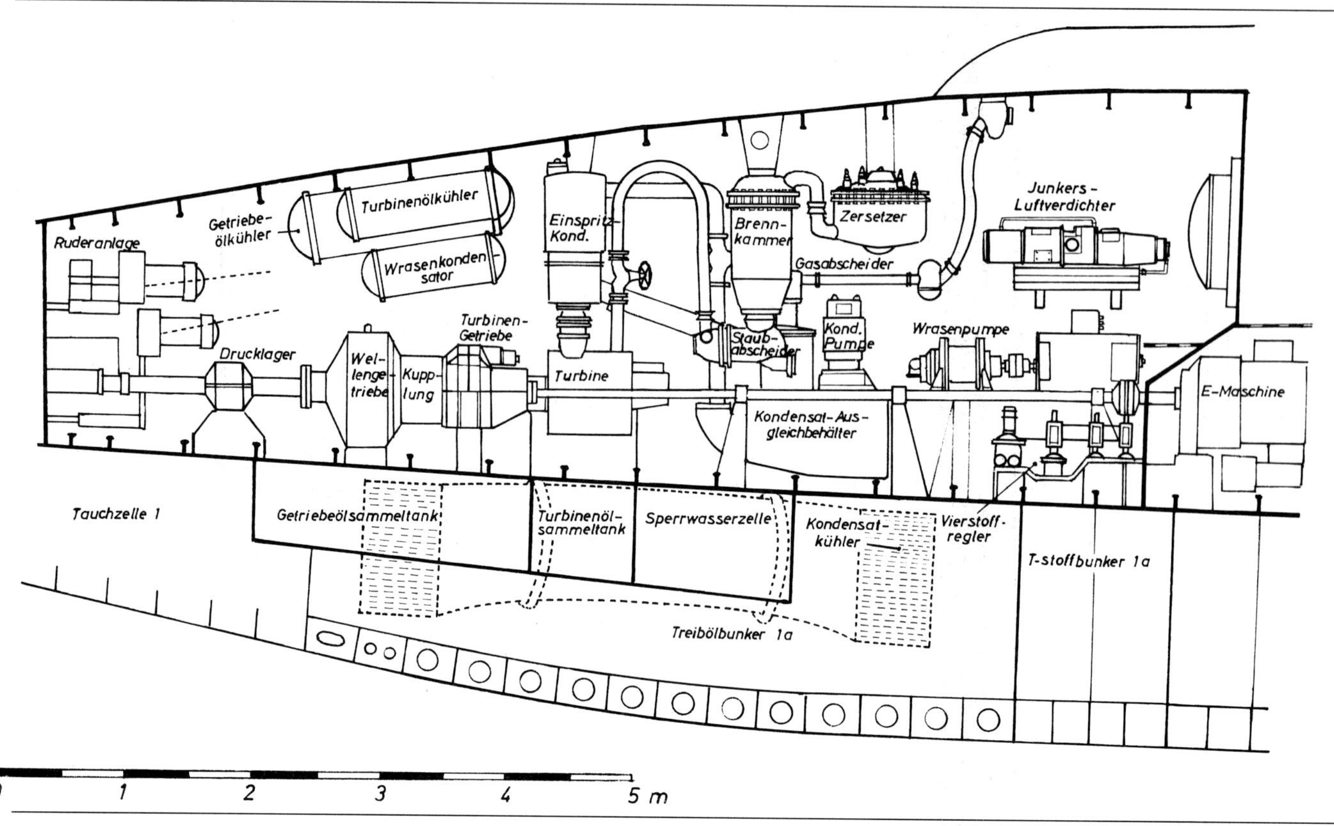

Turbinenraum von U 792.

Dönitz war einverstanden. Wenige Stunden später wurde er zu einer wichtigen Besprechung abgerufen. Er wollte aber auf die Teilnahme an einer Probefahrt mit Walter-Antrieb nicht verzichten. Die erforderliche T-Stoff-Übernahme bei U 792 dauerte dem Oberbefehlshaber zu lange. Also sollte Heller mit U 794 fahren.
Außer Dönitz kamen noch der Kommandierende Admiral der Uboote, Admiral v. Friedeburg, der Chef der Marinerüstung, Vizeadmiral Backenköhler, die Konteradmirale Thedsen und Godt sowie von der Firma Walter ihr Chef Hellmuth Walter und dessen Hauptabteilungsleiter Schiffbau, Marinebaudirektor Dr. Fischer, und natürlich der Erprobungsleiter in Hela, Ingenieur Heinz Ullrich, an Bord von U 794. Die Fahrt eines Ubootes mit fünf hochrangigen Admiralen hatte es noch nie gegeben. Heller und die Walter-Leute spürten die große Verantwortung und waren etwas unsicher. Doch sie hatten Glück. Nach einem anfänglichen Versagen des Reglers ging alles glatt. Heller führte das Boot über und unter Wasser in allen Fahrtstufen vor und ließ auch die erforderlichen Alarmmanöver ausführen. Mehrmals ging er von E-Maschinenfahrt auf Walterbetrieb über, wobei das Boot unter Wasser ca. 21 kn erreichte. Besonders die kurzen Umschaltzeiten von einer Minute und weniger imponierten. Dönitz und seine Admirale waren begeistert. Beim Verlassen des Bootes äußerte Dönitz: „Das hätten wir bei mehr Vertrauen und Wagemut im OKM schon 1-2 Jahre früher haben können." Jetzt kam dieser Erfolg jedoch zu spät, um noch Auswirkungen auf den Ubootkrieg haben zu können. Dönitz verpflichtete alle Anwesenden zu strengstem Stillschweigen über die Versuche mit Walter-Ubooten. Er befahl, den Mitwisserkreis auf ein Minimum zu beschränken und untersagte alle Gespräche über Eigenschaften und Zahlenangaben dieser Boote.
Anfang April 1944 besichtigten auch der Rüstungsminister Albert Speer gemeinsam mit dem Mitglied des Rüstungsrates und seinem späteren Stellvertreter, Generalfeldmarschall Milch, das Walter-Erprobungskommando und fuhren mit U 792 über die Meile. Während sich Milch begeistert äußerte, blieb Speer zurückhaltend.

Wenige Wochen vorher waren die neuartigen kleinen Uboote von der britischen Luftaufklärung in Hela erfaßt worden. Da etwa zur gleichen Zeit auf verschiedenen Werften ebenfalls kleine Objekte dieser Größe festgestellt wurden, die sich später als Typ XXI-Sektionen und Typ XXIII-Uboote herausstellten, wurden die in Hela aufgenommenen Objekte dieser Entwicklung zugeordnet und nicht mehr besonders beachtet.

Tabellarische Übersicht der mit U 792 durchgeführten Versuchsfahrten mit Walter-Antrieb

Datum	Walterbetrieb in Minuten		Gründe für den Versuchsabbruch
	über Wasser	unter Wasser	
21.12.43	10	12	Dampfaustritt im Turbinenraum
28.12.43	7	-	T-Stoff-Zufuhr versagte
29.12.43	15	-	Schlechte Konzentration des T-Stoffes

Datum	Walterbetrieb in Minuten über Wasser	unter Wasser	Gründe für den Versuchsabbruch

Anschließend keine Walter-Erprobungen auf See wegen Fehlens geeigneten T-Stoffes. Reparatur des Brennkammerdeckels mit Hilfe des Zündventils von U 794. Einbau eines Papenberg-Tiefenmessers.

Datum	über Wasser	unter Wasser	Gründe für den Versuchsabbruch
10.1.44	25	11	Undichte Turbinenstopfbuchsen, dadurch Überdruck im Turbinenraum.
11.1.44	8	17	Wasserzufuhr zu gering. Nach dem Versuch hatte der Wrasenpumpenmotor vollen Schluß.

Am 13.1. Eindocken, um die Sperrwasseranlage zu überholen. Auswechseln des Wrasenpumpenmotors.

Datum	über Wasser	unter Wasser	Gründe für den Versuchsabbruch
18.1.44	13	-	Abbruch wegen Dunkelheit

Am 22.1. kam es beim Verholen zum Rammen der Mole, wobei das Vorschiff leicht beschädigt wurde.

Datum	über Wasser	unter Wasser	Gründe für den Versuchsabbruch
24.1.44	7	-	Versuch nur mit einer Turbine zu fahren, da die andere Turbine durch Schaufelbruch ausgefallen. Anstieg der Kondensationstemperatur auf 90° C. Darauf Versagen von Sperrwasserpumpe und Vierstoffregler. Beschädigung der Schaufelkränze der Turbine durch die große Hitze.

Am 26.1. erneutes Eindocken von U 792 zum Auswechseln der Turbinen. Einbau neuer BKC-Turbinen ab 31.1.44. Bei der Untersuchung der Hilfmaschinen wurden starke Schäden bei der Wrasenpumpe festgestellt.

Datum	über Wasser	unter Wasser	Gründe für den Versuchsabbruch
19.2.44	5	-	Die reparierte Wrasenpumpe erzeugte keinen Unterdruck.
20.2.44	-	50	Anlage ohne Sperrwasser gefahren.
21.2.44	-	26	Spindel des Kraftstoffregelventils gebrochen.
24.2.44	-	28	Regler arbeitete unregelmäßig. Nach 3. Zünden Zünderexplosion.
3.3.44	-	10	Öldruckrohr am Turbinengetriebe undicht. Dadurch Öldunst im Turbinenraum.
8.3.44	22	-	Wasserregler versagte.

Am 12.3.44 wurde U 792 ohne Propeller über und unter Wasser von einem Uboot des Typs IX D2 (U 871) geschleppt und dabei die Zugkraft gemessen, jedoch ohne ein brauchbares Ergebnis zu erzielen. Dieser Versuch sollte Grundlagen für eine geeignetere Propellerausführung schaffen. So blieb die Frage, ob eine Steigung von H = 1700 besser wäre, vorläufig offen.

Datum	über Wasser	unter Wasser	Gründe für den Versuchsabbruch
17.3.44	4	-	Wasserregler versagte
20.3.44	19	-	Wasserregler unzuverlässig
21.3.44	21	1	Wasserregler von Hand gefahren. Starke Schwankungen der Dampftemperatur.
22.3.44	5	16	Wasserregler Handbetrieb. Keine Störungen.
25.3.44	24	42	Wasserregler Handbetrieb. Keine Störungen.
26.3.44	13	110	Wasserregler automatisch. Keine Störungen.
28.3.44	7	-	Keine Störungen.
29.3.44	10	20	Keine Störungen.
31.3.44	7	27	Keine Störungen. Zersetzersteine mußten dann ausgewechselt werden.
1.4.44	-	66	Zu geringe T-Stoff-Zufuhr.
4.4.44	13	125	Keine Störungen. Bei der Unterwassermeilenfahrt wurden 20,6 kn erreicht.

Datum	Walterbetrieb in Minuten über Wasser	unter Wasser	Gründe für den Versuchsabbruch
6.4.44	-	5	Stb. Kondensatpumpe ausgefallen.
7.4.44	74	-	Keine Störungen.

Da die Stb.-Turbine heruntergefahren war und festsaß, wurde das Boot auf Einturbinenantrieb mit der Bb.-Turbine umgestellt.

Datum	über Wasser	unter Wasser	Gründe für den Versuchsabbruch
13.5.44	25	-	Keine Störungen
15.5.44	10	10	Störungen an der Kondensationsanlage.
19.5.44	20	29	Keine Störungen.
20.5.44	5	13	Wegen einer Kraftstoffleckage versagte die Brennkammer.
21.5.44	21	7	Dampfleckage an der Turbine. Überdruck im Turbinenraum.

Nun war auch die Bb.-Turbine überholungsreif. Das Boot ging zum Auswechseln der Turbinen ins Dock. Der Einbau der neuen BKC-Turbinen verzögerte sich aber, da die Anschlüsse abmaßig waren. So war die Anlage erst Anfang August wieder klar.

Datum	über Wasser	unter Wasser	Gründe für den Versuchsabbruch
12.8.44	20	-	Örtlicher Brand am Staubabscheider.
14.8.44	15	40	Stoeckicht-Getriebe saß fest.
24.8.44	10	-	T-Stoff-Borddurchführung leckte.
7.9.44	17	-	Brennkammerdeckel unklar.
13.9.44	20	-	Zu geringe T-Stoff-Zufuhr.
14.9.44	-	20	Seewassereinbruch in T-Stoff-Beutelgruppe 4.

Anschließend ging das Boot zum Auswechseln der T-Stoff-Beutelgruppen 1, 2 und 4 ins Dock.

Datum	über Wasser	unter Wasser	Gründe für den Versuchsabbruch
29.9.44	107	93	Keine Störungen. Wegen zu hoher Temperaturen an den Lagern des Turbinengetriebes wurde jedoch nur mit 70% Durchsatz gefahren.
30.9.44	66	90	Keine Störungen. Reglererprobungen bei verschiedenen Tauchtiefen.

Beginn der UAK-Erprobung mit U 792.

Datum	über Wasser	unter Wasser	Gründe für den Versuchsabbruch
2.10.44	-	59	Zwei Meilenfahrten. Bei der zweiten Fahrt ab 14^{45} Uhr wurde die höchste mit einem größeren Walter-Uboot erreichte Geschwindigkeit gemessen: 24,6 kn in 19 m Wassertiefe. Wenige Sekunden vor der Rückfahrt mußte sie wegen zu hoher Lagertemperaturen abgebrochen werden.
3.10.44	44	-	Nach UAK-Erprobungen im Hafen Überwasserfahrerprobung. Abbruch nach Erreichen von 14,2 kn wegen zu geringer Kraftstoffzufuhr.
6.10.44	8	32	Keine Störungen. Progressivfahrten bis 20,9 kn.
7.10.44	7	141	Keine Störungen. Meilenfahrten bis 21,5 kn.
9.10.44	-	2	Keine Erprobung möglich, da Anschlußkabel zum Motor des Reglers vollen Schluß hatte.
10.10.44	-	265	Dauerfahrerprobung von 11^{31}-16^{02} Uhr. T-Stoffverbrauch 28,96 m^3. Tauchtiefe 18 m. Dabei Geschwindigkeit zwischen 19,9 kn und 20,35 kn.

Datum	Walterbetrieb in Minuten über Wasser	unter Wasser	Gründe für den Versuchsabbruch
11.10.44	4	183	Progressiv-Fahrten bis 23,3 kn. Drehkreismessungen und Schnelltauchversuche mit E-Maschinen.
12.10.44	50	30	Beim Anfahren der Anlage in 50 m Tiefe trat am Entgasungsventil ein Knaller auf. Hauptentgaser für T-Stoff leckte an einer Schweißnaht. Anschließend UAK-Besichtigung der Anlage und Abnahme.
17.10.44	-	10	Kondensatpumpe 1 fiel wegen Motorschlusses aus. Dadurch Verzögerung der Übergabe an das Kommando.
27.10.44	-	65	Keine Störungen. Übergabe an das Kommando.

Mitte November 1944 ereignete sich bei der Ausfahrt von U 792 aus dem Hafen ein folgenschwerer Zusammenstoß mit einem Truppentransporter, der die MES-Schleife fuhr. Dabei wurde das Ruderkreuz des Ubootes von der Bb-Schraube des Motorschiffes getroffen, wobei das Stb.-Tiefenruder durchschlagen und das Seitenruder im unteren Teil stark beschädigt wurden. Die Reparatur erwies sich als sehr schwierig und konnte wegen der sich rapide verschlechternden Kriegslage nicht mehr vollständig durchgeführt werden. Im März 1945 wurde das Boot nach Rendsburg überführt und diente hier dem Kommando als schwimmender T-Stoff-Bunker.

U 794 wurde im Herbst 1944 zu Ansprengversuchen abgegeben. Dabei traten eine Reihe von Störungen auf. Das größte Problem bestand darin, daß nach dem Ansprengen der Zersetzer nicht mehr einwandfrei arbeitete, da vermutlich die Zersetzersteine nicht in der richtigen Schichtung lagen. Außerdem waren auch Störungen an der Brennkammer aufgetreten. Das Boot war anschließend ziemlich k.o. und nur noch bedingt für Ausbildungszwecke geeignet.

U 793 (Wa 201) bei einer Probefahrt im April 1944 vor der Bauwerft B&V. Dort war zu diesem Zeitpunkt bereits das erste Typ XXI-Boot U 2501 auf der linken Helling (VI) im Bau.

Die Walter-Schulboote U 793 und U 795

Im März 1944 waren die anderen beiden Walter-Versuchs-Uboote bei B&V und GW ins Wasser gesetzt worden. Noch am 26. Oktober 1943 war geplant, U 793 und U 795 jeweils einen Monat nach den ersten beiden Walter-Ubooten abzuliefern. Dann war jedoch beschlossen worden, daß bei den folgenden Walter-Booten die Erfahrungen der ersten Erprobungen berücksichtigt werden sollten. Außerdem war für sie eine neue Aufgabe gestellt worden. Sie sollten jetzt in erster Linie der Schulung des technischen Personals für die in Auftrag gegebenen Walter-Front-Uboote dienen. Aus Gründen der Betriebssicherheit und auch der Treibstoffersparnis auf den Ausbildungsfahrten war bei beiden Booten jeweils nur eine Turbine eingebaut worden, mit der sie noch gut 20 kn unter Wasser erreichen konnten. Für den Lehrbetrieb war es überdies ideal, da dadurch mehr Platz im Turbinenraum war. Bei U 795 wurden auch noch kurz vor dem Stapelhub die Torpedorohre ausgebaut, da sie bei diesem Boot nicht benötigt wurden.

Nach der UAK-Abnahme (ohne Walter-Betrieb) in Kiel trafen dann beide Boote Mitte Mai in Hela ein. Hier wurde sofort mit den Borderprobungen der Walteranlagen begonnen. Zuerst gab es wieder die üblichen Störungen (Kondensation ausgefallen, Regler unklar, und das Hauptübel: Schluß bei den E-Motoren der Hilfsanlagen im Turbinenraum durch die sauerstoffreiche feuchte Luft). Doch schon nach der dritten Fahrt lief U 793 ab 3. Juni fast störungsfrei, so daß die

Indienststellung von U 795 (WK 202) am 22. April 1944 in Kiel. Kommandant wurde Obl.z.S. Horst Selle, der von Juni 1942 bis November 1943 WO auf dem erfolgreichen Reche-Boot U 255 war.
In der ersten Reihe des Gruppenfotos stehen in der Mitte der Kommandant und links daneben als Vertreter der Firma Walter, Dipl.-Ing. Heep. Am rechten Bildrand erkennt man den Turm von U 795.

Bei der Indienststellungszeremonie von U 795 grüßen Konteradmiral (Ing.) Thedsen zusammen mit zwei dekorierten Uboot-Offizieren, rechts vermutlich der Flottillenchef KKpt Moehle, das Boot.

UAK-Erprobung der Walter-Anlage erfolgen konnte. Dabei erwies sich die Messung der exakten Geschwindigkeit bei den Meilenfahrten als schwierig. Bisher waren bei den Walter-Booten höhere Unterwassergeschwindigkeiten recht ungenau über die Drehzahl und durch Staudruckmessungen ermittelt worden. Jetzt sollte dies durch eine Weg-Zeit-Messung geschehen. Vorgesehen waren drei Durchgänge mit ca. 13 kn, ca. 16 kn und schließlich der maximalen Geschwindigkeit. Die Messung sollte durch Beobachtung einer Torpedokopflampe am Turm des Ubootes von einem Schnellboot aus erfolgen. Für die Verständigung unter Wasser war UT vorgesehen. Heller saß im Uboot, der Chef der UAK-Zweigstelle, Kpt.z.S. Sachs, führte die Beobachtung vom Schnellboot aus. Beim ersten Durchlauf klappte dies, doch die folgenden Durchläufe wurden vom Schnellboot nicht mehr registriert. Auch die Verständigung mit UT war nicht möglich. Beim zweiten Versuch das gleiche Ergebnis. Als Ursache wurde später der kleinere Unterwasser-Drehkreis des Ubootes gegenüber dem 400 m Drehkreisdurchmesser des Schnellbootes herausgefunden. Die UT-Verbindung klappte vermutlich nicht, da der Aufnahmewinkel zu spitz war.
Bei einem weiteren Versuch wurden zwei Uboote am Anfang und Ende der Meilenstrecke postiert, die U 793 durch ihr GHG orten und dann den Lichtschein der Lampe beim Durchgang beobachten sollten. Aus Geheimhaltungsgründen durfte dabei nur jeweils der

Kommandant auf der Brücke anwesend sein. Doch beim 2. und 3. Durchgang wurde ihm keine Ortung gemeldet und der Lichtschein erst viel zu spät nach dem Durchgang entdeckt. Also keine klare Horchpeilung und keine Schraubengeräusche.
Heller und Sachs waren ratlos. Auch bei späteren Messungen mit U 793 bei der Abhorchstelle Nexö wurde der gleiche Effekt festgestellt: Bei höheren Turbinen-Fahrtstufen statt der Schraubengeräusche nur noch ein unklares schnaufendes Geräusch. Dabei hatte man vorher angenommen, daß das Schraubengeräusch bei der hohen Drehzahl von 400-500 U/Min das Turbinengeräusch glatt übertönen müßte. Eine Schalldämmung der Turbinenanlage erschien deshalb nicht erforderlich. Es stellte sich schließlich heraus, daß der Propellerschall durch den achtern austretenden CO_2-Schleier stark absorbiert wurde.

Am 8. Juni klappte es endlich. Am Anfang und Ende der Meile lag je ein VIIC-Boot mit ausgelegten elektrischen Kabeln, die von den Booten gespeist wurden. Um den Turm von U 793 wurde eine Kabelschleife gelegt, mit der das Überfahren der ausgelegten stromdurchflossenen Kabel auf induktivem Wege festgestellt werden konnte. Damit wurden dann beim dritten Durchgang in 20 m Wassertiefe 20,75 kn gemessen. Von jetzt ab wurde diese Methode auch bei den Meilenfahrten anderer Uboote mit Erfolg benutzt. Dazu verlegte man von Land aus 6 bzw. 4 km lange Kabel zum Anfang und Ende der 2 sm langen Meilenstrecke vor der Halbinsel Hela.
Am 12. Juni führte U 793 Unterwasserfahrten mit Walter-Antrieb in verschiedenen Tauchtiefen durch. Bei der größten Erprobungstiefe von 55 m waren die Drehzahl n = 345 U/min (16,5 kn), der Zudampfdruck 24 atü und der spezifische Dampfverbrauch 15,8 t/h. Am 17. Juni folgte eine Unterwasser-Dauererprobung von 5,5 Stunden in 25-30 m Wassertiefe mit einer Geschwindigkeit von 16,3 kn. Vom 20. bis 29. Juni wurden weitere Meilen-, Progressiv- und Manöverfahrten durchgeführt.

Nach Beendigung der UAK-Erprobungen und erforderlichen Überholungen wurde U 793 am 4. Juli 1944 dem Kommando für den Schulbetrieb übergeben. Nach einer Gesamtbetriebszeit der Walter-Anlage von 46 Stunden und 37 Minuten war am 22. August eine Grundüberholung von U 793 erforderlich, die bis zum 12. Oktober dauerte. Am 14. Oktober folgten UAK-Typerprobungen im Tauchquadrat, ab 17. Oktober konnten dann wieder Schulfahrten durchgeführt werden. Bis zum 8. November 1944 hatte sich die Walter-Betriebszeit bei U 793 auf 64 Stunden und 13 Minuten erhöht. Ende 1944 war dann die Turbinenanlage heruntergefahren und unklar. Wegen der ungünstigen Kriegslage war eine vollständige Überholung nicht möglich. So übernahm Oblt.z.S. Schmidt im Januar 1945 ein Boot, das nur noch mit konventionellen Antriebsmitteln gefahren werden konnte.
U 795 hatte die UAK-Erprobung der Walter-Anlage im September 1944 abgeschlossen. Die Erprobungen mußten immer wieder durch Fahrten nach Pillau zum Entmagnetisieren unterbrochen werden. Die immer stärkere Verminung der Danziger Bucht durch britische Flugzeuge machte dies erforderlich.
Bei der 36. Fahrt kam es bei U 795 am 5. November zu einem Brand im Turbinenraum, der sich über die Kabelbahnen in den Dieselraum durchfraß. Das Boot befand sich dadurch in großer Gefahr. Nur durch das beherzte Eindringen einiger Männer mit Tauchrettern in den brennenden Raum gelang es schließlich, den Brand zu löschen. Da nicht alle Reparaturen in Hela ausgeführt werden konnten, verließ das Boot am 2. Dezember das Erprobungskommando und marschierte nach Flensburg. Von dort wurden in der Zeit vom 9. bis 15. Dezember noch Ansprengversuche in der Sonderburger Bucht durchgeführt. Dann verlegte U 795 nach Kiel zur Germaniawerft und wurde hier neben seiner ersten Baustelle auf Helling VIII aufgelegt. Die vorgesehene Werftüberholung kam aber wegen Facharbeiter- und Materialmangels sowie fehlender Dringlichkeit nicht voran. Am 22. Februar 1945 wurde das aufgelegte Boot außer Dienst gestellt.

Das aufgelegte Walter-Uboot U 795 am 13. Februar 1945 neben Helling VIII der Germaniawerft. Das für deutsche Uboote ungewöhnliche Spindelheck ist durch eine Lattenabdeckung ungenügend getarnt.

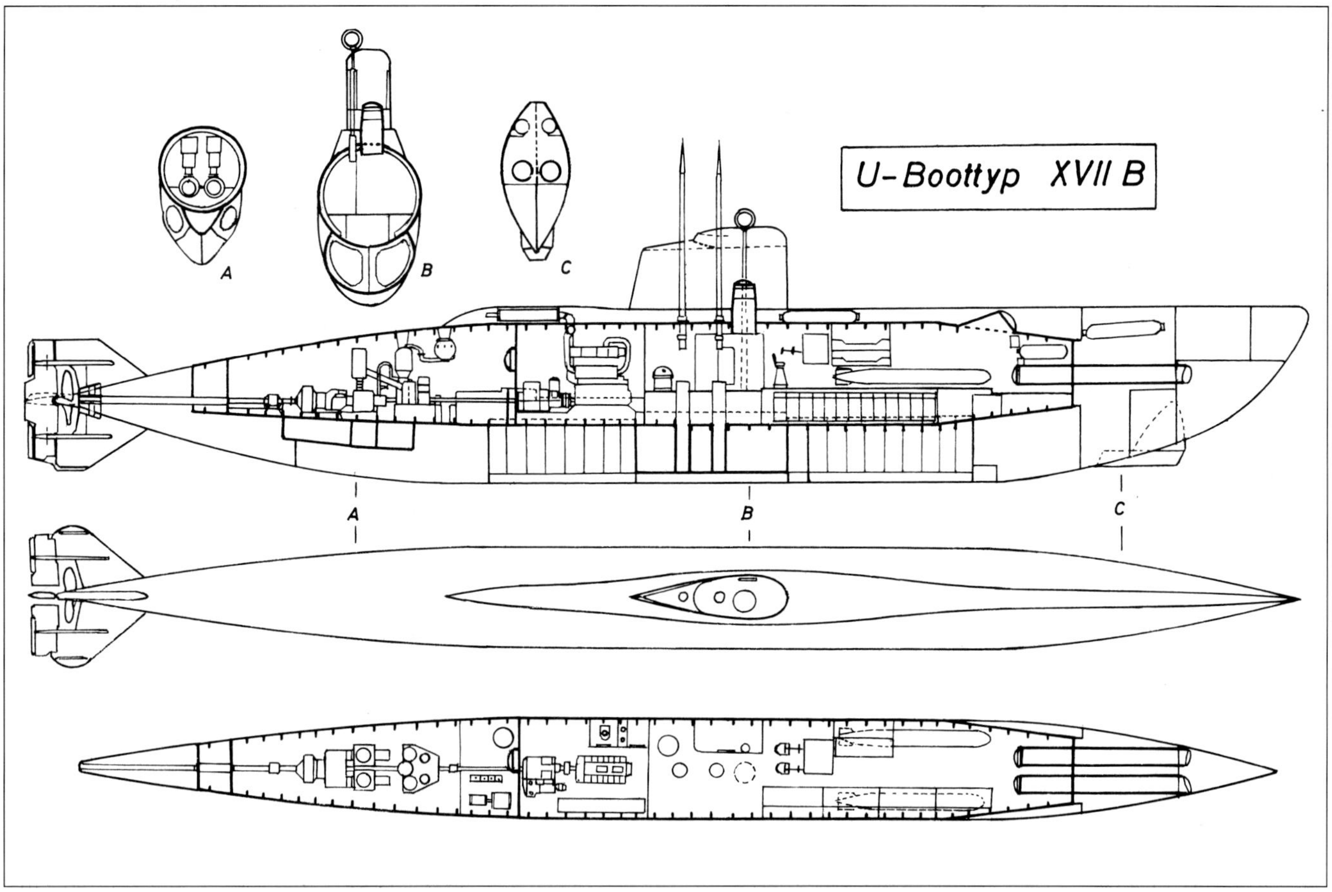

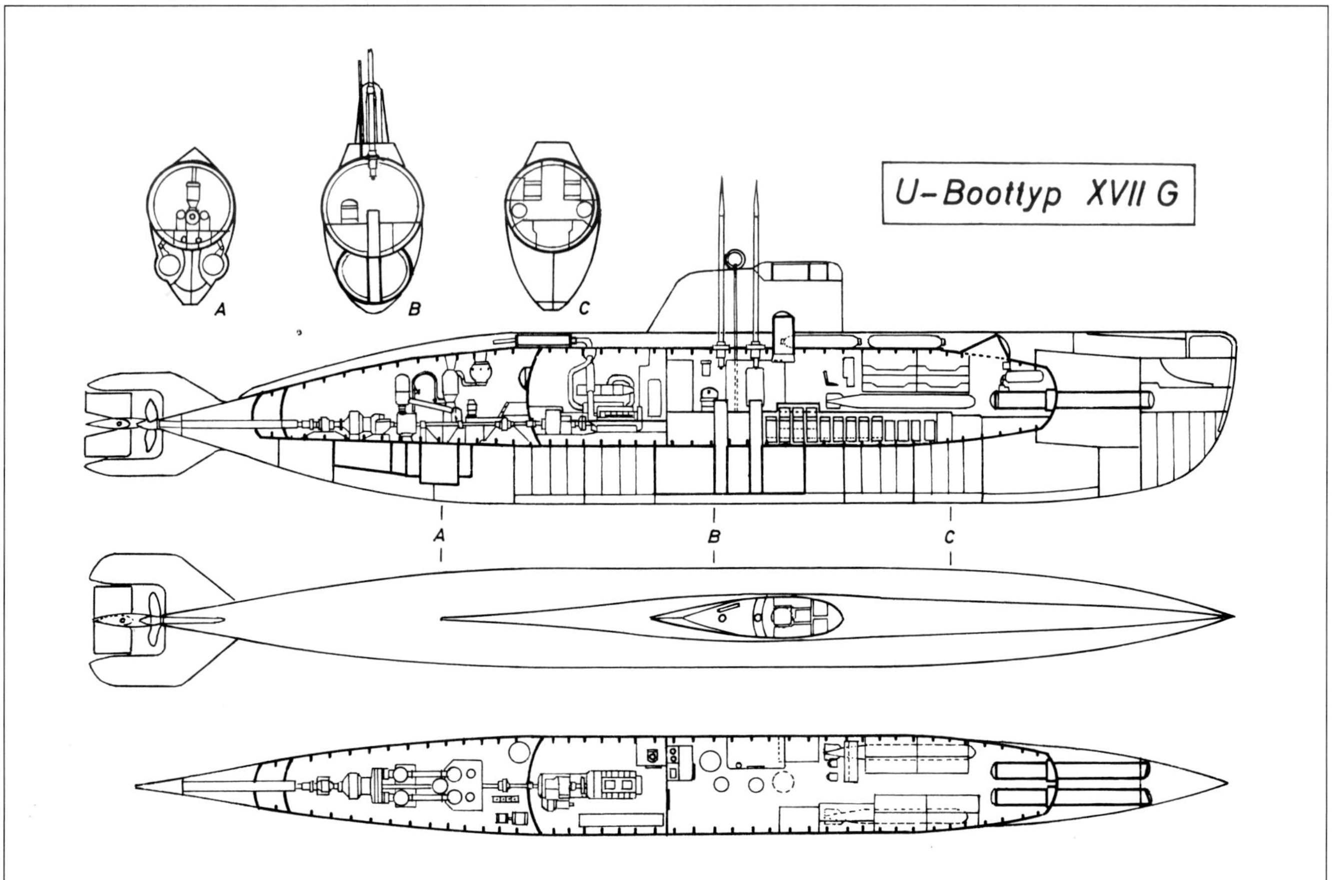

U-Boottyp XVII B

U-Boottyp XVII G

0 1 2 3 4 5 6 7 8 9 10 11 12 13 14 15 m

Ursprüngliche Entwürfe der Ubboottypen XVII B und XVII G von 1943.

Der Uboottyp XVII B

Walter und Waas waren sich bewußt, daß die vier Versuchs-Uboote nicht ausreichten, um eine schnelle Einführung des Walter-Ubootes in den Ubootkrieg zu ermöglichen. Da im OKM keine Zustimmung für die Inbaugabe einer größeren Anzahl von Walter-Ubooten vor der Erprobung der ja damals noch auf dem Papier stehenen Versuchsboote zu erreichen war, hatten sie sich im Juni 1942 erneut an den BdU gewandt, der über den Marineadjudanten bei Hitler, Kpt. z. S. Puttkamer seine Sorgen über die Entwicklung des Ubootkrieges und seine Forderung nach einer möglichst raschen Zuführung von Walter-Ubooten übermitteln ließ. Hitler befahl darauf einen Vortrag der Marine über diese Themen. Dazu kam es am 28. September 1942. Über diese Besprechung hat Dr. Waas in ‚Schiff und Zeit' Nr. 26 einen ausführlichen Erlebnisbericht veröffentlicht. Nach seiner Ansicht, führte diese Konferenz zu einer deutlichen Wende bei der Behandlung der Walter-Uboote im K-Amt. Der ObdM versprach, eine Serie von 24 Ubooten auf der Basis der Wa 201/Wk 202-Entwürfe sofort in Auftrag zu geben, sobald Erfahrungen mit deren Maschinenanlage vorlägen.

Dazu kam es am 4. Januar 1943. Jeweils 12 Uboote der aus den Erprobungstypen Wa 201 und WK 202 für den Fronteinsatz weiterentwickelten Typen XVII B und XVII G wurden bei den Werften B&V und GW in Auftrag gegeben. Die Kiellegung des ersten B&V-Bootes (Auftrag 755) war am 5. August 1943 vorgesehen. Das nächste sollte am 30. September folgen, die weiteren Boote in 6- bis 4wöchigem Abstand. Es wurde mit einer Bauzeit von 7-8 Monaten auf Helling und einem Monat nach dem Stapelhub gerechnet. Die Ablieferung des ersten Bootes war für den 15. April 1944 geplant, der weiteren Boote jeweils einen Monat später. Bei der GW sollte das erste XVII G-Boot, U 1081, am 1. Juli 1944 fertig sein, das letzte, U 1092, am 20. Februar 1945.

Der nach dem Zusammenbruch des deutschen Ubootkrieges im Nordatlantik geplante verstärkte Ubootbau sah eine Erweiterung dieser Aufträge um je 48 Typ XVII-Boote bei beiden Werften vor. Dazu kamen noch 12 XVII B-Boote bei den Nordseewerken Emden und insgesamt 72 des neuen kleinen Walter-Typs XXII bei den Howaldts-Werken in Kiel und Hamburg. Der 155 t-Typ XXII mit nur einer Turbine war für den Mittelmeereinsatz vorgesehen. Die Auftragsvergabe für diese 180 Walter-Uboote wurde den Werften am 6. Juli 1943 fernschriftlich angekündigt. Gleichzeitig wurde eine wesentliche Verkürzung der Bauzeit für die XVII B-Boote beschlossen: nur noch 4-5 Monate bis zum Stapelhub. Obwohl dann sofort Planungen für die Realisierung dieses Großserienbaus ausgearbeitet wurden, war diese Absicht bei ihrer Verkündung bereits überholt.

Der von Dönitz und Speer beschlossene Übergang auf das von Merker vorgeschlagene Ubootprogramm, das

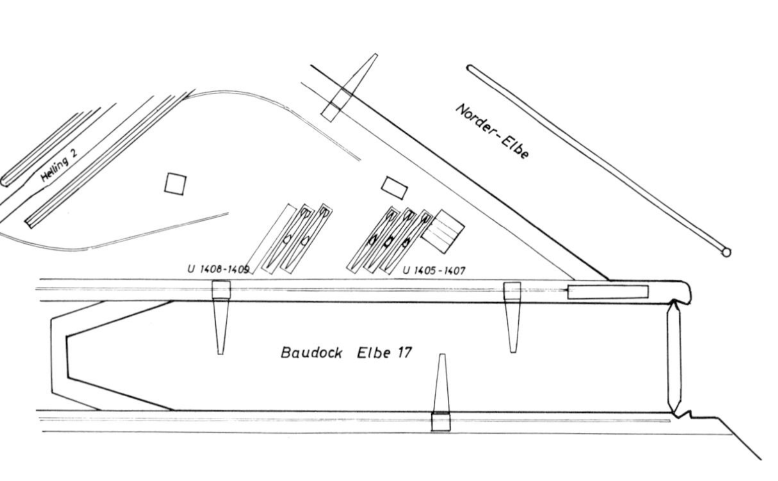

Bauplätze von U 1405/1409 bei B&V.

Bau eines Typ XVII B-Bootes bei B&V.

fast nur noch den Bau der schneller zu realisierenden Elektro-Uboote Typ XXI und XXIII vorsah, ließ das große Walter-Programm im Herbst 1943 auf schließlich noch sechs Typ XVII B- und zwei Typ XVIII-Boote zusammenschrumpfen.

Für den Serienbau der Typ XVII B-Boote waren bei B&V neben dem Baudock ELBE 17 sechs Betonfundamente hergestellt worden. Die ersten drei Boote sollten dort jetzt am 5. August 1943 auf Kiel gelegt werden, die nächsten beiden am 18. September folgen. Die Ablieferung der ersten sechs Boote war im Januar/Februar 1944 vorgesehen. Im Juli waren für U 1405/7 schon Baugerüste errichtet und Schüsse angeliefert worden.

Durch die ‚Katastrophen'-Luftangriffe vom 24. Juli bis 3. August auf Hamburg verzögerten sich jedoch die Kiellegungen dieser Boote um mehr als zwei Monate. Am 26. Oktober 1943 wurde damit gerechnet, daß die ersten beiden Boote im Mai 1944, die folgenden zwei im Juni und die letzten beiden im Juli abgeliefert würden. Diese Planung blieb bis Mitte 1944 bestehen. Der Bau kam aber wegen der Vordringlichkeit des neuen Uboottyps XXI nur schleppend voran und im Frühjahr 1944 völlig ins Stocken. An die Einhaltung des Fertigstellungstermins Mai 1944 für das erste Typ XVII B-Uboot war nicht mehr zu denken. Durch Intervention von Dönitz nach seinem Besuch in Hela wurden die für den Zusammenbau der ersten Typ XXI-Uboote abgezogenen Arbeiter wieder kurzzeitig zu den Walter-Ubooten zurückbeordert, doch auch jetzt kam der Typ XVII B-Bau nur langsam weiter und hatte schließlich sechs Monate Verzug. Am 10. März 1944 war außerdem auch noch das 6. Typ XVII B-Boot zu Gunsten des bei der GW in Auftrag gegebenen Kreislaufversuchsbootes U 798 stillgelegt und nach der am 22. Juli erfolgten Annullierung abgebrochen worden. Am 1. August 1944 arbeiteten nur 200 Mann an den verbliebenen fünf Walter-Ubooten.

Am 23. August war bei der 18. Rüstungsbesprechung der Kriegsmarine festgestellt worden, daß für die fünf Typ XVII B-Boote ein Fertigbau ohne weitere große Verzögerungen nur möglich wäre, wenn diese Boote nur eine Walter-Turbine erhalten würden. Nach der Entscheidung darüber mußte der Turbinenraum entsprechend umkonstruiert werden. Das führte zu einer Bauunterbrechung im September. Bereits eingebaute Maschinen (Wrasenpumpen) wurden als kurzfristiger Ersatz für in Hela ausgefallene Geräte wieder ausgebaut. Zwar war im September die Dampferzeugungsanlage für das nun letzte Boot U 1409 geliefert worden, doch am 17. September fehlten bei allen Booten noch die neuen Vierstoffregler. Erst auf der 21. Rüstungsbesprechung am 4. Oktober wurden die Typ XVII-Boote wieder in die Planung aufgenommen und folgende neue Ablieferungstermine festgelegt: 1.12. 1944, 1.1.1945, 15.1.1945, 1.2.1945 und 15.2.1945.
Wegen der Auswirkungen des Luftangriffes vom 21. November wurde von der Werft eine weitere Verzögerung bei der Fertigstellung der Typ XVII B-Uboote angekündigt. Erst nachdem Dr. Fischer bei einer Terminbesprechung am 8. Dezember bei B&V erklärte, daß der Typ XVII B als Vorlauf für die Großserie des neuen Walter-Uboottyps XXVI angesehen werden müsse und deshalb nicht hinter den Typ XXI zurückgestellt werden dürfe, wurden eine Erhöhung der Beschäftigtenzahl zugesagt und nun folgende Ablieferungstermine beschlossen: 15.12.1945, 15.1.1945, 1.2.1945, 15.2.1945 und 1.3.1945.

Am 1. Dezember 1944 war das erste Boot des Typs XVII B, U 1405, mit einem Schwimmkran ins Wasser gesetzt werden. Die Indienststellung erfolgte am 21. Dezember. Kommandant wurde der ehemalige WO von U 680 (11.43-3.44), Lt.z.S.d.R. Wilhelm Rex. Nach Erprobungen bei der UAK-Kiel kam U 1405 noch nach Hela. Wegen der Frontnähe mußte das Walter-Erprobungskommando im März 1945 Hela verlassen. Dabei versenkte Heinz Ullrich am 29. März 1945 das Versuchsboot V 80 außerhalb des Hafens mit Hilfe einer Sprengladung.
Das Kommando verlegte nach Rendsburg am Kaiser-Wilhelm-Kanal und schlug sein Domizil bei der Fa. Philipp Holzmann auf. Dort führte U 1405 im April einige Restarbeiten durch und lief dann nach Kiel, wo das Boot einen Schnorchel mit elektropneumatischen Kopfventil erhielt. Am 2. Mai fuhr das Boot nach Eckernförde. Hier war ab 23. April für die Walter-Uboote die Erprobung der Torpedoanlage und danach die Übernahme scharfer Torpedos geplant. Doch das Kriegsende kam schneller.
Am 3. Mai sollte U 1405 in Begleitung eines Torpedofangbootes in die Geltinger Bucht, dem letzten Sammelpunkt der deutschen Uboote in der Heimat, fahren. Dort war die Selbstversenkung vorgesehen. Für die Zerstörung des Bootes waren bereits Sprengladungen an Bord. Auf dem Marsch durch die Eckernförder Bucht wurde das Uboot von zwei britischen Jagdflug-

Indienststellungsfeier im Wohn- und Torpedoraum von U 1406 am 8. Februar 1945. Auf der linken Seite sieht man von vorn nach hinten Obermaschinist Piecyk, den LI von U 1406, Oblt.(Ing.) Schenk, den WO Wauser und den LI Helmchen von U 4707. Vor der die Torpedorohre abdeckenden Reichskriegsflagge sitzt der Kommandant von U 1406, Oblt.z.S. Klug.

U 1406 bei einer Probefahrt mit ausgefahrenem Schnorchelmast vor seiner Bauwerft Blohm & Voss im März 1945.
(Gemälde des Marinemalers Gernhard)

zeugen überflogen. Darauf beschloß der Kommandant, U 1405 sofort zu vernichten. Dies geschah auf 54°30'9" N und 10°1'8" O. Die 17köpfige Besatzung wurde von dem Fangboot aufgenommen und an Land abgesetzt, wo sie untertauchte.

Nach dem Zusammenbruch der Weichselfront und dem Verlust der Ostgebiete wurde die Fertigstellung der Typ XVIIB-Boote, die nicht in das Notprogramm aufgenommen waren, durch Übernahme in das ebenfalls noch zugelassene Reparaturprogramm gesichert. Das nächste Boot U 1406 war am 2. Januar 1945 ins Wasser gesetzt worden. Trotz des schweren Luftangriffes Ende Dezember auf B&V erfolgte die Ablieferung noch einigermaßen planmäßig am 15. Januar. Am 8. Februar wurde das Boot unter dem Kommando des ehem. Kommandanten von U 794, Obl. z. S. Klug, in Dienst gestellt. Der Stapelhub des nächsten Bootes,

Ein Bild der Verwüstung: die nach den Bombentreffern am 8. April 1945 zerstörten und umgekippten Typ XVII B-Boote U 1408 (vorn) und U 1409 (hinten). Die hinter U 1409 liegenden Schüsse gehörten vermutlich zu dem annullierten 6. Boot U 1410.

U 1407, sollte am 15. Januar folgen. Bei dem Luftangriff vom 17. Januar lag es aber noch auf Stapel und konnte erst Ende Februar zu Wasser gebracht werden, als ein Schwimmkran dafür zur Verfügung stand. Die Abnahme von U 1407 erfolgte am 13. März 1945, die Indienststellung am 29. März. Kommandant wurde Obl. z. S. Heitz, der vorher U 792 geführt hatte.
Die restlichen Typ XVII B-Boote U 1408 und U 1409, die am 12. bzw. am 30. April abgeliefert werden sollten, wurden bei dem Luftangriff am 8. April durch einen Volltreffer auf U 1408 so stark beschädigt, daß auf den Weiterbau verzichtet werden mußte. Einige brauchbare Teile der Walter-Anlage wurden ausgebaut und sollten als Ersatzteilreserve für die anderen Boote dienen.

Ende März 1945 fuhren U 1406 und U 1407 zum Erprobungskommando nach Rendsburg. Von hier lief U 1406 zur UAK nach Kiel, wo es etwa eine Woche lang Fahrerprobungen (noch ohne Walter-Anlage, jedoch mit dem Schnorchel) ausführte. Anschließend verlegte das Boot zum TEK nach Eckernförde zum Torpedoschießen und zur Erprobung der Feuerleitanlage. Dabei wurden 17 Torpedos ohne und 3 Torpedos bei 3-4 kn Fahrt abgefeuert. Nach 14 Tage ging es dann zurück zum Erprobungskommando in Rendsburg. Hier wurde bei Borgstedt ein Fahrversuch mit der Walter-Anlage durchgeführt. Dies geschah zehn Minuten lang bei Überwasserfahrt im Kanal, wobei 13 kn erreicht wurden. Mehr war unter den beschränkten Kanalbedingungen hier nicht möglich. Bereits vorher war die Turbinenanlage am Pier ausführlich erprobt worden. Bei einem Dauerversuch lief sie 2 Std 20 Min ohne Unterbrechung. Die Bedienung der Walter-Anlage erfolgte durch Personal der Firma Walter. Vor einem Einsatz des Bootes wären noch Unterwasserfahrten mit der Walter-Anlage in der Kieler Bucht, die Übergabe der Walter-Anlage an die Besatzung und eine Diesel-Überholung erforderlich gewesen.

Bei U 1407 betrug die Gesamterprobungsdauer der Walter-Turbine an der Pier 36-40 Std. Dieses Boot, das in der Ausbildung weiter zurück war, begann die UAK-Erprobungen in Kiel am 21. April und kehrte am 27. April nach Rendsburg zurück, wo es in Borgstedt ins Druckdock ging. Bei der Annäherung der britischen Truppen an den Kanal verließen U 1406 und U 1407 am 3. Mai den Walter-Stützpunkt und fuhren über Brunsbüttel nach Cuxhaven. Dabei nahmen die Kommandanten ihre Ehefrauen mit.
Die bei der Fa. Holzmann liegenden nicht mehr einsatzfähigen Schulboote U 792 und U 793 wurden in der Nacht vom 3. zum 4. Mai bei Sehestedt im Kaiser-Wilhelm-Kanal versenkt. Vorher waren ihre Walter-Anlagen durch Sprengladungen zerstört worden.
Wegen der inzwischen eingetretenen Teilkapitulation der deutschen Wehrmacht im Nordraum beschwor der Hafenkommandant von Cuxhaven die Kommandanten von U 1406 und U 1407, ihre Boote nicht zu versenken, sondern befehlsgemäß den Engländern auszuliefern. Darauf stellten die Kommandanten nach kurzer Beratung ihre Uboote am 4. Mai außer Dienst und ließen sie räumen. Die Besatzung wurde am nächsten Tag zu einem Lager außerhalb von Cuxhaven gebracht. Der LI von U 1406, Obl. (Ing.) Schenk, und sein Obermaschinist Piecyk kehrten aber nochmals zurück und machten die Turbinenanlage ihres Bootes unbrauchbar, indem sie u. a. den Brennkammerdeckel abschraubten und über Bord warfen sowie Seewasser ins Getriebe spritzten. Dabei kam soviel Wasser in die achtere Bilge, daß das Boot über den Achtersteven unterzuschneiden drohte. Durch Gegenlenzen konnte dies jedoch verhindert werden. Beide Walter-Boote wurden dann in der Nacht vom 7. Mai von dem zufällig nach Cuxhaven gelangten Agru-Front Ingenieur Obl. (Ing.) Grumpelt gemeinsam mit dem Obermaschinist Lawrenz durch Öffnen der wichtigsten Flutventile und Offenlassen des Turmluks versenkt. Obwohl Grumpelt dies in der Meinung tat, der ‚Regenbogen'-Befehl, nachdem kein Uboot in Feindeshand fallen dürfe, wäre noch in Kraft und für die Walter-Uboote besonders wichtig, wurde er von den Engländern festgenommen und wegen Sabotage zu 7 Jahren Gefängnis verurteilt.

Bug von U 1407 im Trockendock. Der GHG-Balkon mit 2 x 11 Kristallempfängern ist sehr gut zu erkennen. Er war ein auffallendes Unterscheidungsmerkmal zum Walter-Typ Wa 201, der nur ein NHG-Horchgerät besaß.

Projekte und Entwicklungen auf der Basis des Uboottyps XVII

Nachdem abzusehen war, daß der Großserienauftrag für die Walter-Typen XVII B und XVII G dem Elektro-Ubootprogramm weichen mußte, wurden von der Konstruktionsabteilung der Fa. Walter KG eine Reihe neuer Entwürfe auf der Basis des Typ XVII B-Entwurfes ausgearbeitet, die den neuen Forderungen der Seekriegsleitung:

‚Großer Unterwasserfahrbereich hat Vorrang vor hoher Unterwassergeschwindigkeit' und
‚Möglichst viele schußbereite Torpedos'

gerecht werden sollten. Zuerst wurde als Alternative zu dem neuen Küsten-Uboottyp XXIII eine Ausführung des Typs XVII B mit einer starken E-Anlage statt des Walter-Antriebs (Typ XVII E) entwickelt und zusammen mit Vergleichsprojekten XVII B2 (kleine Walter-Turbine statt der E-Maschine) und XVII B3 (2500 PS-Turbine, aber kein Dieselmotor) am 30. Juli 1943 vorgelegt.

Die XVII E- und XVII B2-Entwürfe besaßen eine Überwasserverdrängung von 340 m^3 und eine Länge von 43,9 m. Für Überwasserfahrt war ein aufgeladener Diesel von 900 PS vorgesehen. Bei Unterwasserfahrt sollten mit 1160 PS maximal 15,7 kn erreicht werden. Statt des T-Stoff- und Kraftstoff-Vorrates von insgesamt 100 t bei XVII B2 sollte der Typ XVII E eine größere Batterie (Typ VII C) besitzen. Als Unterwasserfahrbereiche bei XVII B2 mit Walter-Antrieb wurden 660 sm/15,7 kn + 3200 sm/8 kn oder 330 sm/15,7 kn + 1600 sm/8 kn angenommen. Für den Typ XVII E ergaben sich folgende Unterwasserfahrbereiche mit E-Antrieb: 19 sm/15,7 kn oder 53 sm/10 kn oder 132 sm/6 kn oder 250 sm/2 kn. Der Überwasserfahrbereich betrug bei beiden Entwürfen 5400sm/8 kn bzw. 3800 sm/10 kn.
Der Entwurf XVII B3 ohne Dieselmotor sollte mit der Turbine unter Wasser maximal 20 kn erreichen. Mit einem T-Stoff- und Kraftstoff-Vorrat von insgesamt 80 t waren folgende Unterwasser-Fahrbereiche möglich: 80 sm/20 kn + 1700 sm/8 kn oder 2500 sm/8 kn.

Nach der Entscheidung für den Typ XXIII legte Dr. Fischer am 5. August 1943 vor der Unterkommission Uboote auch noch eine vergrößerte Version XVII A mit einer 3000 PS-Turbine vor, die unter Wasser max. 21 kn und die Fahrbereiche 168 sm/21 kn oder 216 sm/12 kn erreichen sollte. Für die Dieselanlage waren wahlweise eine mechanisch gekuppelte oder eine dieselelektrische Ausführung mit dem 400 PS-Dieselmotor MWM RS 125 vorgesehen. Als Alternative schlug er auch noch eine Maschinenanlage mit einer 7500 PS-Turbine (vom Typ XVIII) und dem dieselelektrischen Antrieb vor, mit der das Boot unter Wasser max. 28 kn erreichen sollte.
Folgende Unterwasser-Fahrbereiche auf 30 m Wassertiefe wurden genannt:

3000 PS-Turbine:	7500 PS-Turbine:
mit Verdichter	mit Verdichter
157 sm/21 kn	84 sm/28 kn
129 sm/24 kn	129 sm/24 kn
203 sm/16 kn	167 sm/20 kn
219 sm/13 kn	200 sm/16 kn
220 sm/11 kn	215 sm/13 kn

Die 7500 PS-Alternative fand stärkeres Interesse bei der Kommission und wurde in der Folgezeit weiter ausgearbeitet. Dabei ergaben sich für einen Torpedovorrat von zehn 7 m-Torpedos zwei Möglichkeiten: die 6-Rohr-Buganordnung des Typs XXI mit einem Nachladevorrat von 4 Torpedos und eine Anordnung mit 4 Bug- und 6 Seitenrohren ohne Nachladevorrat.

In der Ausführung mit der 7500 PS-Turbine und den Seitentorpedorohren hatte der Typ XVII A folgende Abmessungen: Überwasser-Verdrängung 575 m^3; Form-Verdrängung 700 m^3;
Länge ü.a. 47 m; Länge zw.d.L. 44,5 m; Breite 4,9 m; Höhe bis Oberdeck 7 m.
Aus diesem Typ XVII A entstand dann der Walter-Typ XXVI, für den Dönitz am 28. März 1944 den Serienbau von 100 Booten anordnete. Der doppelt so große Typ XVIII wurde aufgegeben.
Den Bauauftrag für den Typ XXVI erhielt B&V. Bei Kriegsende waren hier die Rohsektionen für das erste Boot U 4501 weitgehend fertiggestellt. Zur Ausrüstung und zum Zusammenbau kam es aber nicht mehr. (Weitere Ausführungen zum Typ XXVI in Rössler ‚Geschichte des deutschen Ubootbaus', Band 2, S. 376 ff)

Ein weiterer Abkömmling des Typ XVII-Entwurfes war das Versuchs-Uboot U 798 für Dieselmotoren-Kreislaufbetrieb, das die Hülle des Typs XVII G bekam und ab 23. April 1944 bei der Germaniawerft in Bau war, jedoch ebenfalls nicht fertiggestellt wurde. Es trug die Typbezeichnung XVII K.

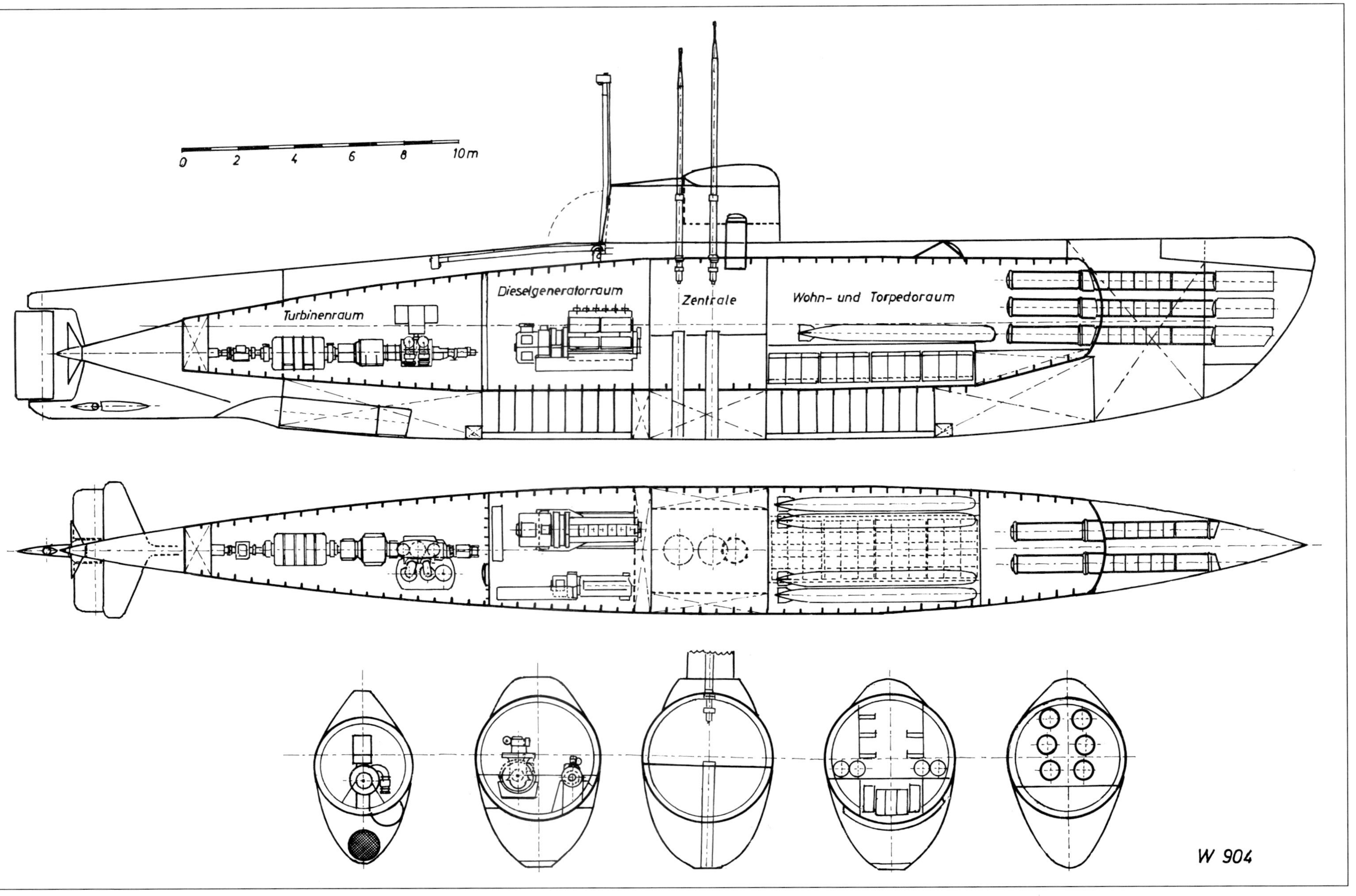

Projekt Ubootttyp XVII A (W 904) vom 13.10.1943.

Die Suche nach den geheimnisvollen Walter-Ubooten

Die Walter-Uboote blieben bis Kriegsende eines der bestgehüteten Geheimnisse der deutschen Kriegsmarine. Den ersten Hinweis auf sie erhielten die Engländer am 3. Mai 1945, als ein Kommando der Royal Navy, die 30. Assault Unit, in Hamburg die Werft Blohm & Voss besetzte und dort die durch Bombentreffer schwer beschädigten Walter-Uboote U 1408 und U 1409 entdeckten. Bei den Verhören von Betriebsangehörigen wurde ihnen die große Bedeutung dieser schnellen kleinen Uboote mit der neuartigen Antriebsanlage klar. Doch wo waren die fertiggestellten und erprobten sieben Walter-Uboote? Eine fieberhafte Suche nach U 792 - U 795 und U 1405 - U 1407 begann.

Am 4. Mai hatte eine andere Abteilung der 30. Assault Unit das Walterwerk in Kiel-Tannenberg besetzt und dort die fast noch intakte Typ XVII-Testanlage vorgefunden. Sämtliche Unterlagen und Zeichnungen der wichtigsten Entwicklungsarbeiten waren aber vor der Besetzung auf dem Werkshof verbrannt worden. Doch schon Wochen vorher waren von allen bedeutenden Zeichnungen und Berichten Mikrofilme angefertigt und aus Gründen des Luftschutzes in einem Betonbunker gelagert worden. Die Filme mit ca. 50000 Aufnahmen waren auf Rollen archiviert und in sechs Blechtrommeln verschlossen. Diese hatte Walter bei Annäherung der britischen Truppen persönlich mit einem PKW in die Nähe der Nordseeküste gebracht und dort vergraben. Wichtige Teile der Entwicklungsgeräte wurden in Teichen und Seen versenkt, das große T-Stoff-Lager von ca. 300 t war in einer benachbarten Baugrube unter heftiger Dampfentwicklung entleert worden.

Bereits am 5. Mai kam ein britisches Spezialistenteam in das Werk, um Prof. Walter und die dort anwesenden leitenden Mitarbeiter zu verhören. Es verlangte die Auslieferung aller Unterlagen und die Wiederherrichtung der Prüfstände und Werkseinrichtungen. Nachdem Dönitz, der um korrekte Erfüllung der Waffenstillstandsbedingungen bemüht war, die Anweisung erteilt hatte, alles über die Walter-Uboote den Engländern auszuliefern, wurden auch die versteckten Mikrofilme von Walter und seinem Mitarbeiter Petersen wieder ausgegraben und übergeben. Aber über den Verbleib der Walter-Uboote konnte hier niemand Auskunft geben.

Die Suche ging weiter. Zuerst wurde das bei Kriegsende gesprengte U 795 auf dem Gelände der Germaniawerft entdeckt. Besonderes Interesse bestand jedoch für die drei Walter-Front-Uboote des Typs XVII B. Es wurde vermutet, daß sie von ihren Besatzungen in der Nähe des Walter-Stützpunktes im Kaiser-Wilhelm-Kanal versenkt worden seien. Doch nach dem Aufspüren von drei dort versenkten Ubooten

U 795 mit dem gesprengten Turbinenraum auf dem Gelände der Germaniawerft.

Bug von U 792 nach der Hebung auf dem Ausrüstungskai der Kieler Howaldts-Werke.

stellte sich heraus, daß es sich um die beschädigten Wa 201-Boote U 792 und U 793 sowie das VII C-Uboot U 428 handelte. Die beiden Walter-Uboote wurden im Juni 1945 gehoben, zu den Howaldt Werken nach Kiel transportiert und dort zur näheren Untersuchung auf dem Kai abgesetzt.

Das Auffinden von U 1406 und U 1407 war das Resultat eines Auftrages der britischen Besatzungsmacht an Konteradmiral Godt, den Verbleib der Typ XVII B-Boote zu erkunden. Godt berichtete nach seiner Rückkehr am 24. Juni in Flensburg Cmdr. Beesley, RNVR, daß er zuverlässige Informationen erhalten hätte, U 1406 und U 1407 seien im Fischerei-Hafen von Cuxhaven selbstversenkt worden. Cpt. Roberts, Cmdr.(E) Sandau und Cpt. Blake trafen Godt am folgenden Tag in Cpt. Hale's OKM-Büro und ließen ihn

U 793 bei den Kieler Howaldts-Werken. Es unterscheidet sich von U 792 durch die geringere Anzahl von Flutschlitzen im Mittschiffsbereich. Die vordere Flosse ist ausgeklappt, der gelbe Erkennungsstreifen an der Oberkante Turm ist noch gut zu erkennen.

U 1407 beim Absetzen durch einen 350-t-Schwimmkran auf den Kai bei den Howaldts-Werken in Kiel.

seine Kenntnisse wiederholen. Darauf fuhren Cmdr. Sandau und Cpt. Blake nach Cuxhaven, wo die beiden Walter-Uboote auch schnell gefunden wurden. Ihre Besatzungen wurden aufgespürt und zur Mithilfe bei der Hebung gezwungen. Diese erfolgte am 1. Juli. Dann wurden die beiden Boote über Brunsbüttel nach Kiel geschleppt. Die Schleppfahrt ging nicht ohne Zwischenfälle ab. Beide Boote sanken, das eine bei Holtenau, und mußten erneut gehoben werden. Sie wurden dann von einem Schwimmkran auf dem Ausrüstungskai der Kieler Howaldts-Werke abgesetzt.

U 1406 vor dem z.T. zerstörten Verwaltungsgebäude der Howaldts-Werke. Die Platten vor den T-Stoffbunkern mit den Kunststoffbeuteln sind abgenommen.

U 794 und U 1405 blieben aber weiterhin verschollen. Stärker interessiert war die Royal Navy natürlich an U 1405. Nach Aussagen von Marineangehörigen wurde angenommen, daß das Boot am 4. Mai in der Geltinger Bucht selbstversenkt worden sei. Aber als dort Anfang August ein versenktes Walter-Uboot entdeckt wurde, stellte sich dieses als U 794 heraus, das überdies durch drei Sprengladungen stark beschädigt war. Es wurde zur Identifizierung gehoben und dann an genau festgelegter Position wieder versenkt. Nun war nur noch das Schicksal von U 1405 ungewiß.

Im September teilte ein Taucher, der ein Ubootwrack in der Eckernförder Bucht für Hebung und Abbruch vorbereiten sollte, mit, daß dieses Uboot eine ihm unbekannte Konstruktion besäße. Nach der Vernehmung des Kommandanten des Torpedofangbootes, das das Uboot begleitet hatte, wurde dann am 17. September 1945 dieses Wrack als U 1405 identifiziert. Wegen der großen Schäden im gesprengten Boot und der Furcht, es nach einer Hebung den Russen ausliefern zu müssen, verblieb es am Versenkungsort und wurde später abgewrackt.

Abbruch von U 793 auf dem Gelände der Kieler Howaldts-Werke.

Die Walter-Uboote in England, USA und der UdSSR

Auf der Potsdamer Konferenz der Siegermächte war beschlossen worden, daß die noch vorhandenen fahrfähigen deutschen Kriegsschiffe unter den Kriegsverbündeten USA, England und UdSSR aufgeteilt werden sollten. Bei den Ubooten war dies allerdings nur für einen kleinen Teil vorgesehen. Die übrigen sollten vernichtet und abgewrackt werden. Für die Erfassung und Kontrolle der deutschen maritimen Kriegsbeute wurde eine Tripartite Naval Commission gebildet. Die UdSSR war natürlich besonders stark daran interessiert, möglichst moderne deutsche Uboote zu erhalten. England wiederum war nicht daran interessiert, daß die UdSSR auf dem Ubootgebiet Deutschlands Nachfolger werden könnte. Insbesondere die nach Kriegsende entdeckten Walter-Uboote sollten auf keinem Fall in die Hände der Russen fallen. So wurden die Versuchs-Uboote U 792-795 als ‚scuttled in the British Zone' bezeichnet. Ihr besonderer Antrieb und die Tatsache, daß U 792 und U 793 inzwischen gehoben waren und U 795 auf dem Gelände der Germaniawerft lag, sollten verschwiegen oder verschleiert werden.

Verladung von U 1406 auf den US-Transporter SHOEMAKER am 14. September 1945.

U 1407 nach der Überführung in einem englischen Trockendock. Die Verkleidungen über den Zu- und Abluftmasten sowie dem Abgasauslaß sind abgenommen.

Ende Juli 1945 bestand sogar für eine kurze Zeit die Absicht, U 792 und U 793 bei den Howaldt-Werken wiederherstellen zu lassen. Anfang August bat Howaldt die Germaniawerft um Pläne dieser Walter-Uboote. Dann wurde diese Absicht jedoch wohl nicht nur wegen des Fehlens derartiger Pläne fallengelassen. Die weitgehend unzerstörten U 1406 und U 1407 wurden als USA- bzw. UK-Kriegsbeute deklariert und sollten so schnell wie möglich in diese Länder überführt werden.

Ende August 1945 verließ zuerst U 1407 am Haken des deutschen Marineschleppers FÖHN 2 unter dem Kommando von Cpt. John Harvey Kiel. Am 14. September folgte dann U 1406 als Decksladung des US-Transporters SHOEMAKER in Richtung USA. Die für die Wiederherstellung und Überholung dieser Walter-Uboote noch brauchbaren Teile in den Wracks von U 1408/9 sowie U 792/3 wurden von Howaldt- bzw. B&V-Werftarbeitern für die Engländer und in U 795 von Angehörigen der AG-Weser in Zusammenarbeit mit der H. Walter KG für die US-Amerikaner ausgebaut und ebenfalls in deren Heimatländer verschifft. Anschließend sollten U 792, U 793 und U 795 am 30. August im Kieler Hafen versenkt werden, um bei der Kontrolle durch Vertreter der Tripartite Naval Commission nicht vorhanden zu sein, wie sich das ja für ‚scuttled uboats' gehörte. Doch dieser Schildbürgerstreich unterblieb dann auf höhere Weisung. Die z.T. zerstörten und ausgeschlachteten Bootshüllen konnten den Russen, die inzwischen auch Kenntnisse über die deutschen Walter-Uboote erhalten hatten, nicht mehr von Nutzen sein.
Am 4. Dezember 1945 beschwerte sich F. T. Gousev von der sowjetischen Botschaft in London in einem Brief an den Staatssekretär für auswärtige Angelegenheiten, Ernest Bevin, daß die britischen Repräsentanten in der Tripartite Naval Commission bisher keine Informationen über den neuesten deutschen Uboottyp XVII mit Turbinenantrieb, der – wie festgestellt worden war – sich unter der Obhut britischer Stellen befände, mitgeteilt hätten. Die britische Admiralität besprach dies mit Admiral Miles und erstattete darüber am 19. Dezember dem Außenministerium Bericht. Darin hieß es unter Pkt. 3:

„The Russians have referred in the letter of the 4th December to the type XVII submarines, of which, as you know, there are only two in existence, and the Americans and ourselves were particularly anxious to secure them for U-research and to keep one apiece without letting the Russians get to know too much about their design and machines. This we have succeeded in doing.
Although Admiral Miles did declare them to the Commission at their first meetings, he did so in a supplementary list of inoperable submarines, as their construction was not at that time complete.
The Russians, fortunately, did not pay any great attention to them either at Berlin or in the course of the inspections. In view of their unique machinery and value in Naval research, we should like to avoid saying anything at this stage which might provoke the Russians into a further discussion about them."

Inzwischen waren von den nach und nach bei dem Walter-Werk in Kiel wieder eintreffenden deutschen Fachleuten die Prüfstände wiederhergestellt worden. Der erforderliche T-Stoff mußte aus allen Teilen Westdeutschlands beschafft werden. Vom 25. Juni bis 6. Juli 1945 konnte dann die Typ XVII-Versuchsanlage in allen Betriebszuständen vorgeführt werden. Die Ergebnisse waren für die Westalliierten sensationell. Immer mehr Spezialisten und hohe Beamte der britischen und US-Streitkräfte bis hin zum amerikanischen Marineminister James Forrestal mit großer Begleitung und zum Lord der Britischen Admiralität Alexander sowie Admiral Cunningham besichtigten das Walter-Werk und die Prüfstände. Jeder von ihnen ließ sich alles erklären und den Werksfilm vorführen, in dem das ganze Gebiet der Walter-Entwicklungen zusammengefaßt war.
Im Winter 1945 waren die wichtigsten Entwicklungsarbeiten, dem damaligen Stande entsprechend, abgeschlossen und vorgeführt. Die Typ XVII-Versuchsanlage wurde nun abgebaut und in die USA transportiert. Der 7500 PS-Versuchsstand und alle anderen noch brauchbaren Geräte kamen nach England. Dann schloß das Walter-Werk seine Tore. Eine kleine Gruppe von Spezialisten, die die Engländer für die Wiederherstellung und Erprobung von U 1407 sowie die Entwicklung eines eigenen Walter-Ubootes benötigten, erhielten Verträge für eine Fortsetzung ihrer Arbeit bei Vickers Armstrong in Barrow-in-Furness. Am 1. Januar 1946 fuhr Hellmuth Walter mit sieben Mitarbeitern von Cuxhaven aus auf einem Urlauber-Victory-Schiff nach England.

Walter und seine Mitarbeiter in Barrow-in-Furness, England. Von links nach rechts: Kruska, Lensch, Ullrich, Walter, von Döhren, Kalkschmidt, Heep, Oestreich.

U 1407 wurde nach der Überführung zu Vickers zuerst von Experten der britischen Marine genau studiert und dann vollständig überholt. Es war vorgesehen, mit diesem Boot den Walter-Antrieb (britische Bezeichnung:

METEORITE (ex. 1407) bei einer Probefahrt im September 1948.

High Test Peroxide [HTP]-Antrieb) zu erproben und dabei geeignetes Personal der Royal Navy mit dem neuartigen Antrieb vertraut zu machen. Da dafür Torpedorohre mit der ungewöhnlichen Länge von 5 m nicht nötig waren, wurden sie ausgebaut, wodurch mehr Raum für das Erprobungspersonal gewonnen wurde. Weitere Änderungen betrafen die Batterielüftung, die auf die britische Methode der Einzelabsaugung der Zellen umkonstruiert wurde, den Einbau eines zusätzlichen Luftverdichters mit E-Antrieb, die Beseitigung der Druckluftbedienung der Hauptventile und zusätzliche Rettungseinrichtungen. Da die E-Einrichtungen durch die Versenkung gelitten hatten, mußten sie weitgehend erneuert werden. Auch der Zentralaufbau, der bei den Hebungen beschädigt worden war, wurde ersetzt. Dabei wurde die Brückenform etwas abgeändert und vorn kuppelförmig erhöht.
Überholung und Umbau nahmen das ganze Jahr 1946 in Anspruch. Im Februar 1947 wollte der das Boot kommandierende Ltn J. S. Launders das alte Bootswappen des deutschen Kommandanten, das Crew XII/39-Wappen mit Hai, einem Galgen und dem Marterrad, wieder am Ubootsturm anbringen lassen. Doch wurde ihm das von der Admiralität nicht gestattet. Im Juni 1947 erhielt U 1407 den neuen Namen METEORITE und ein Bootswappen, das einen goldenen Meteor auf blauweißem Wellenfeld zeigte.
Die ersten Versuche mit METEORITE unter dem Kommando von Cpt O. Lascelles erstreckten sich bis März 1948. Die Walteranlage war von Juli bis September 1947 an Land erprobt worden. Nach dem Beseitigen einiger Defekte wurde sie im Juli 1948 auf METEORITE eingebaut. Anschließend wurden mit ihr Überwassererprobungen gefahren, die durch schlechtes Wetter sehr erschwert waren. Dabei wurde das britische Erprobungsteam von dem erfahrenen Walter-Ingenieur Heinz Ullrich beraten. Diese Erprobungen, bei denen eine maximale Geschwindigkeit von 14,5 kn erreicht wurden, endeten im Oktober 1948. Es folgen noch Unterwasserfahrten mit Walter-Antrieb. Am 8. Juli 1949 war die Versuchsreihe abgeschlossen. METEORITE wurde außer Dienst gestellt und 1950 der British Iron and Steel Corporation zur Verschrottung übergeben.

U 1406 wurde in USA nicht wieder in Dienst gestellt. Seine Antriebsanlage diente zusammen mit dem Typ XXVI-Prüfstand für umfangreiche Versuche mit dem Walter-Antrieb beim Naval Research Lab in Annapolis. Da man hier schon bald nach dem Krieg den Atomreaktor als ideales Antriebsaggregat für Unterwasserschiffe ansah und alle Kräfte für die Entwicklung von Atom-Ubooten einsetzte, spielte der Walter-Antrieb in USA keine große Rolle mehr. Nur für ein Klein-Uboot, die 1954/55 gebaute X1, wurde eine Antriebsanlage mit Wasserstoffperoxid-Benutzung entwickelt, jedoch nicht mit einer Turbine, sondern einem 30 PS-Dieselmotor. Die Erprobung dieser Anlage war mit vielen Problemen belastet, die die Benutzung des ungewohnten Treibstoffes mitsichbrachten. Eine Explosion des gelagerten Wasserstoffperoxids beschädigte 1958 das 25 t-Uboot und beendete diese Versuche.

Bereits 1945 war von der britischen Admiralität beschlossen worden, ein eigenes Walter-Uboot zu bauen, vermutlich in Anlehnung an den deutschen Typ XXVI, dessen Konstruktion die britischen Fachleute sehr beeindruckt hatte. Im Flottenbauprogramm von 1947/48 kam ein weiteres Walter-Uboot dazu. Diese beiden Uboote waren jetzt als reine Versuchs-Boote ohne Bewaffnung geplant. Doch erst am 20. Juli 1951 und am 13. Februar 1952 kam es zu den Kiellegungen bei Vickers.
Nach der erfolgreichen Erprobung von HMS METEORITE sollten 6 der 14 als Ersatz der S-Klasse im 1949/50-Programm vorgesehenen Uboote einen HTP-Antrieb erhalten. Doch in den fünfziger Jahren ließ die Walter-Euphorie bei der britischen Marine spürbar nach und es blieb bei den beiden Versuchs-Ubooten EXPLORER und EXCALIBUR, die nach über fünfjähriger Bauzeit erst am 28. November 1956 bzw. 23.

März 1958 fertiggestellt werden konnten. Sie besaßen etwa die Abmessungen des deutschen Typs XXVI (Überwasserverdrängung 780 m^3, Unterwasserverdrängung 1000 m^3, Länge 67 m und Breite 4,8 m) und sollten mit ihrer Turbinenanlage von ca. 7500 PS Leistung unter Wasser max. 25 kn erreichen können. Bei den Erprobungen traten eine Reihe von Schäden auf, so daß die Besatzung von EXPLORER ihr Schiff ironisch in EXPLODER umtaufte. EXPLORER wurde im Juni 1962 a. D. gestellt und 1965 verschrottet, die a.D.-Stellung von EXCALIBUR folgte Ende 1963, seine Verschrottung bereits 1964.

Es ist erstaunlich, daß die Sowjetunion bereits vor Großbritannien ein eigenes Walter-Versuchs-Uboot baute und erprobte, obwohl ja der UdSSR von den Westalliierten die erbeuteten Unterlagen und Walter-Uboote vorenthalten worden waren und auch die in den Westzonen befindlichen führenden Walter-Fachleute nur für England und USA arbeiten durften. Möglicherweise halfen den Russen jedoch die ‚zweite Garnitur‘ von Walter-Spezialisten und die Produktionsstätten von Maschinen für den Walter-Antrieb, insbesondere die Turbinenfabrik Brückner, Kanis und Co in Dresden, die ihnen in ihrem Besatzungsgebiet in die Hände gefallen waren. Nach einer Mitteilung der Berghof-Stiftung für Konfliktforschung arbeiteten bis zum 12. Februar 1953 die Walter-Spezialisten Dettke (seit Oktober 1946), Keppel (seit Juli 1948), Krage, Schuhmacher und Weissenberg in Leningrad. Angeblich soll von der Roten Armee auch das 1:1-Holzmodell des Ubootyps XXVI nach dem Abzug der US-Truppen aus Thüringen in einem Bergwerkstollen bei Blankenburg erbeutet worden sein.

Jedenfalls wurde bereits am 5. Februar 1951 ein Versuchs-Uboot für den Walter-Antrieb auf der Leningrader Sudomech-Werft auf Kiel gelegt und nach einer Bauzeit von einem Jahr zu Wasser gebracht. Es erhielt die Bezeichnung C-99 (Proj. 617, NATO-Bezeichnung WHALE). Die ersten Erprobungen begannen am 16. Juni 1952, jedoch erst am 21. April 1955 konnte das Versuchs-Uboot von der Werft abgeliefert werden. Es folgten ausführliche Erprobungen der sowjetischen Marine, die am 20. März 1956 abgeschlossen waren. Nach einer Werftüberholung wurde C-99 dann Anfang 1958 offiziell in Dienst gestellt.

Auch in der UdSSR bestand am Anfang der fünfziger Jahre die Absicht, den Walter-Antrieb bei einer Anzahl von Kampf-Ubooten einzubauen. In der Zeit von 1954 bis 1957 wurden auf der Leningrader Sudomech-Werft 21 Uboote eines 420-t-Typs (Proj. A615-NATO-Bezeichnung QUEBEC-Klasse) gebaut, von denen ein Teil einen Walter-Zusatzantrieb auf der mittleren Welle erhalten sollte. Dadurch sollte es für eine begrenzte Zeit möglich sein, eine Unterwassergeschwindigkeit von 20 kn zu erreichen. Es ist nicht bekannt, welche Uboote diesen Zusatzantrieb erhalten haben. Es ist aber anzunehmen, daß er sich nicht bewährte, da später bei allen Ubooten der QUEBEC-Klasse die drei Wellen nur noch konventionell angetrieben und dabei natürlich nur mäßige Leistungen erzielt wurden.

C-99 lief am 19. Mai 1959 mit einer Kommission an Bord zu einer Tauchfahrt mit Walter-Antrieb aus. In 40-60 m Wassertiefe arbeitete die Anlage einwandfrei, in 80 m Wassertiefe ereignete sich dann eine heftige Explosion mit einem Wassereinbruch in den Turbinenraum. Das Boot sackte ab, konnte aber auf 115-120 m abgefangen werden und tauchte dann mit 20° Schlagseite auf. Nachdem Ende 1958 das erste sowjetische Atom-Uboot in Dienst gestellt war, wurden keine Uboote mit Walter-Antrieb mehr entwickelt. C-99 wurde nach der Explosion nicht mehr repariert und Anfang 1960 außer Dienst gestellt.

Das englische Walter-Versuchs-Uboot EXPLORER im Jahre 1956.

Hauptangaben der Typ XVII-Entwürfe

	Walter-Vorschlag v. 13.1.42	Wa 201 (2.42)	Wa 201 (18.3.44)	XVII B	XVII E	XVII A (diesel-mechan.)	XVII A (diesel-elektrisch)	WK 202	XVII G
L ü.a.	ca. 34 m	37,25m	39,05 m	41,45 m	43,9 m	47 m	47 m	34,64 m	39,51 m
B max.	3,325 m	3,3 m	3,3 m	3,3 m	3,3 m	4,95 m	4,5 m	3,4 m	3,4 m
T	ca. 4,1 m	ca. 4,38 m	4,3 m	4,5 m	4,3 m	*	*	4,55 m	4,72 m
↑ -Verdr.	ca. 220 m^3	252,21 m^3	277,2 m^3	306,3 m^3	340 m^3	575 m^3	565 m^3	236 m^3	314 m^3
↓ -Verdr.	241m^3	*	309,2 m^3	337,0 m^3	*	*	*	259 m^3	345 m^3
↓ -Formverdr.	ca. 270 m^3	341,0 m^3	372,6 m^3	415,3 m^3	*	*	*	312 m^3	385 m^3
Druckk.-Ø	3,3 m	3,3 m	3,3 m	3,3 m	3,3 m	4,95 m	4,5 m	3,4 m	3,4 m
Druckk.-L	ca. 21m	24,35 m	26,15 m	28,55 m	*	33,4 m	33,2 m	23 m	26,7 m
Tauchtiefe bei 2,5facher Sicherheit	100 m	100 m	100 m	100 m	100 m	100 m	100 m	100 m	100 m
Besatzung	12	12	12	12	*	*	*	12	14
Bewaffnung (5m-Torpedos außer XVII A)	2 BTR (4)	2 BTR(4)	2 BTR(4)	2 BTR(4)	2 BTR(4)	4 BTR + 6 STR(10)	6 BTR(10)	2 BTR(4)	2 BTR(4)
Antriebsleistungen:									
Turbinen	2x2500 PS	2x2500 PS	2x2500 PS	2500 PS	-	7500 PS	7500 PS	2x2500 PS	2x2500 PS
Dieselmotor	210 PS	210 PS	210 PS	210 PS	900 PS	580 PS	580 PS + 150 PS	210 PS	210 PS
E-Maschine	75 PS	77 PS	77 PS	77 PS	1160 PS	*	*	77 PS	77 PS
T-Stoff-Vorrat	*	43 t	43 t	52 t	-	85 t	85 t	40 t	55 t
Kraftstoff	*	18,73 t	18,73 t	20,1 t	40 t	30 t	30 t	13,7 t	20,2 t
Batterie (10 h)	2980 Ah	2980 Ah	2980 Ah	4560 Ah	8380 Ah	7700 Ah	7700 Ah	2980 Ah	4560 Ah
Höchstgeschwindigkeiten:									
↑ mit Diesel	ca. 9 kn	9 kn	9,5 kn	8,5 kn	12 kn	11 kn	10 kn	9 kn	8,5 kn
↓ mit E-Antrieb	ca. 5 kn	4,5 kn	4,5 kn	4,5 kn	15,7 kn	6 kn	8 kn	5 kn	4,5 kn
↓ mit Turbinen	25,2 kn	25 kn	25 kn	20 kn	-	26,8 kn	26,8 kn	26 kn	25 kn
Fahrbereiche:									
↑ mit Diesel	ca. 1500sm/5kn	*	2910sm/ 9kn	2970sm/ 8,5kn	5400sm/ 8 kn	3500sm/ 10kn	3200sm/ 10kn	1840sm/ 9kn	3000sm/ 8kn
↓ mit E-Antrieb	*	*	27sm/4,5kn	40sm/4,5kn	132sm/6kn	145sm/3kn	120sm/3kn	76sm/4kn	90sm/2kn
↓ mit Turbinen	105sm/25,2 kn 160sm/18,7kn	100sm/ 25kn	105sm/25kn 127sm/20kn 138sm/15kn	180sm/20kn 210sm/17kn 234sm/14kn	- -	160sm/ 26,8kn	160sm/ 26,8kn	80sm/26kn	84sm/25kn 114sm/20kn 169sm/15kn
Propellerabmessungen:									
D	*	200 cm	200 cm	*	*	*	*	190 cm	*
H	*	155 cm	145 cm	*	*	*	*	138 cm	*

Einzelheiten zu Einrichtungen und Anlagen der Walter-Uboottypen XVII

Antriebsanlage

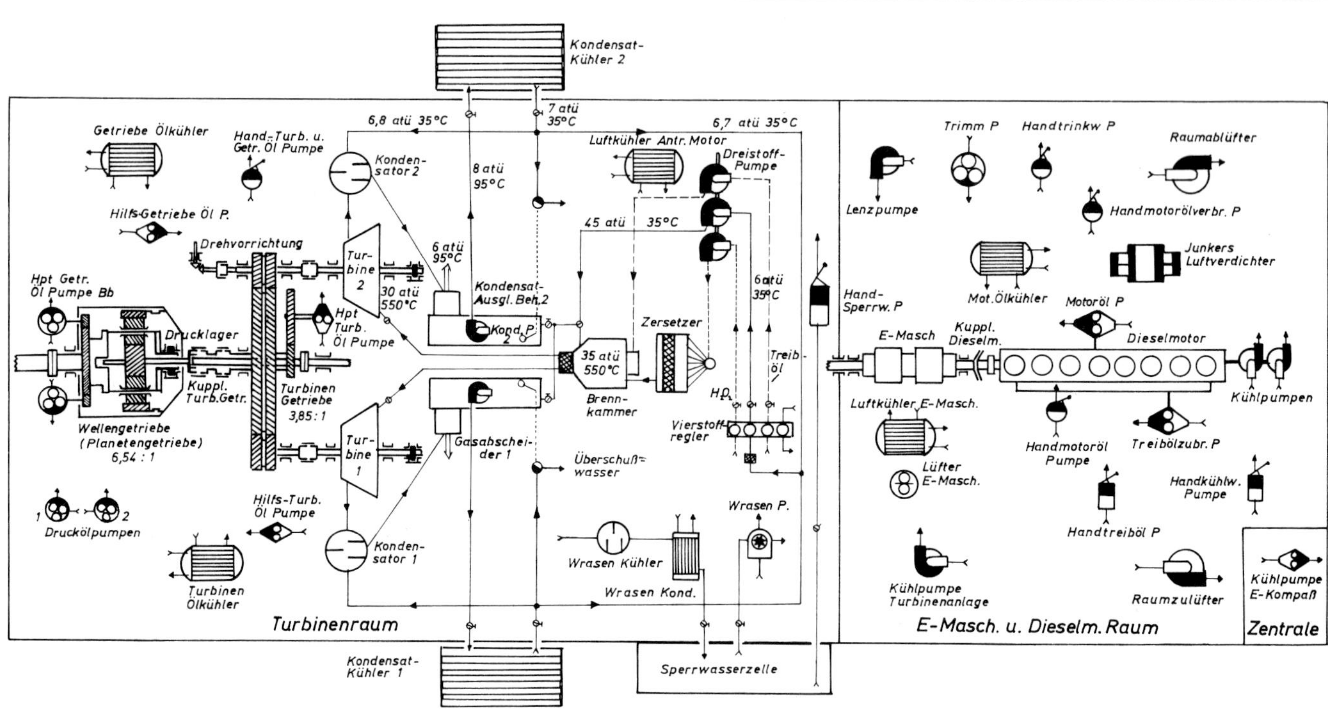

Maschinenaufstellungsplan des Uboottyps WK 202 mit dem Schema der Walter-Anlage.

Walter-Anlage

Der erste wichtige Teil der Walter-Anlage war die Dreistoffpumpe. Sie diente der Förderung von T-Stoff, Kraftstoff und Speisewasser zur Brennkammer. Bei ihr wurde erstmals in der Technik die von Barske und Henschel entwickelte Stauradpumpe angewandt, die mit nur einem Läufer einen hohen Förderdruck erzielt. Sie ist überdies bezüglich der schmierölfreien Abdichtungen besser als gewöhnliche Kreiselpumpen.

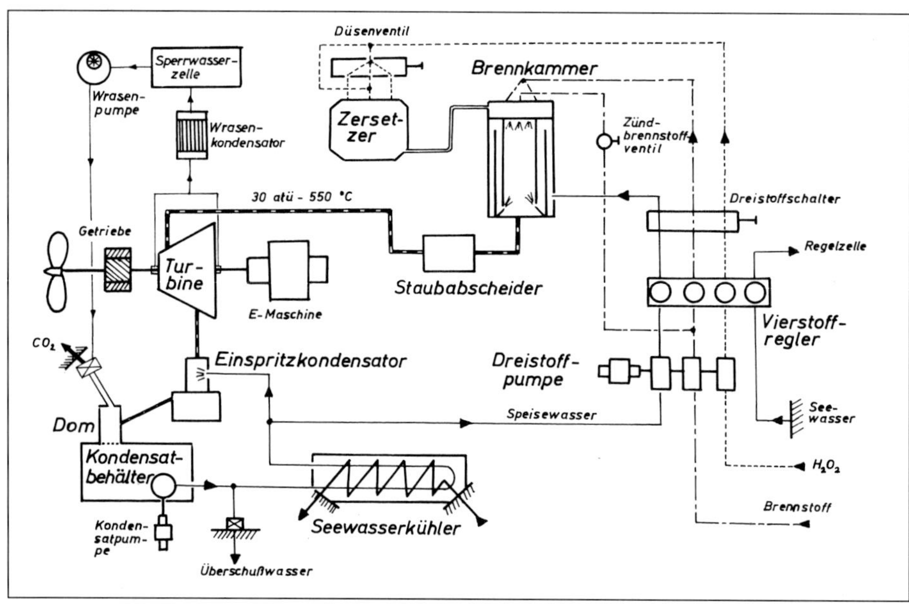

Schema der direkten Walter-Anlage (ohne Kompressor) für den Typ XVII.

Die Dreistoffpumpe wurde über ein Zahnradgetriebe von einem vertikal angeordneten E-Motor der AEG-Bauart AWT 88 angetrieben. Er besaß eine Leistungsaufnahme von 6,2-20 kW bei 1700-2500 U/min und 110 V Spannung sowie von 14-81 kW bei 2250-4000 U/min und 320 V.

Bei 4000 U/min des Motors liefen die Pumpenkreisel mit etwa 24000 U/min und erzielten bei 450 m WS folgende Förderleistungen:

Kraftstoffpumpe	1,845 m^3 (1,69 t Dekalin)/Std
T-Stoffpumpe	9,5 m^3 (12,77 t T Stoff)/Std
Speisewasserpumpe	15,85 m^3/Std

Der Vierstoffregler (Siemens) dosierte die drei Komponenten Kraftstoff, T-Stoff und Speisewasser der Dreistoffpumpe im Gewichtsverhältnis von ca. 1:9:10 und regelte die vierte Komponente, das von außen zum Ausgleich des Gewichtsunterschiedes zwischen T-Stoff und Wasser in die Regelzellen eintretende Seewasser.

Ursprünglich befand sich der Vierstoffregler bei Wa 201 und WK 202 vor der Dreistoffpumpe. Die vier Flüssigkeitszähler steuerten über ein Rädergetriebe die Druckluftzufuhr zu den Regelventilen für Kraftstoff, Speise- und Seewasser, die in den Druckleitungen der Dreistoffpumpe lagen. War der Mengendurchsatz nicht im richtigen Verhältnis, wurden die Regelventile entsprechend geöffnet oder geschlossen.

Nach den vielen Regelproblemen bei den ersten Erprobungen wurde für den Typ XVII B eine andere Anordnung gewählt. Jetzt war der Vierstoffregler der Dreistoffpumpe nachgeschaltet und mit einer elektrisch betätigten Regeleinrichtung auf den gewünschten Mengendurchsatz einstellbar.

Die Flüssigkeitszähler besaßen drehbare Taumelscheiben, die bei jeder Umdrehung nur eine bestimmte Flüssigkeitsmenge – beim T-Stoff 29-174 l/min – durchließen. Sie waren jetzt über ein Rädergetriebe direkt mit den hinter den Zählern liegenden Regelventilen gekoppelt. Lief nun ein Flügelrad nicht im richtigen Verhältnis zu den anderen, wurde das damit gekoppelte Durchlaßventil entsprechend stärker geöffnet bzw. geschlossen und das richtige Mengenverhältnis wieder hergestellt. Durch einen mit der Kopplungswelle verbundenen E-Motor von 0,5 PS konnte die Ventilstellung beeinflußt und damit die Durchlaß-

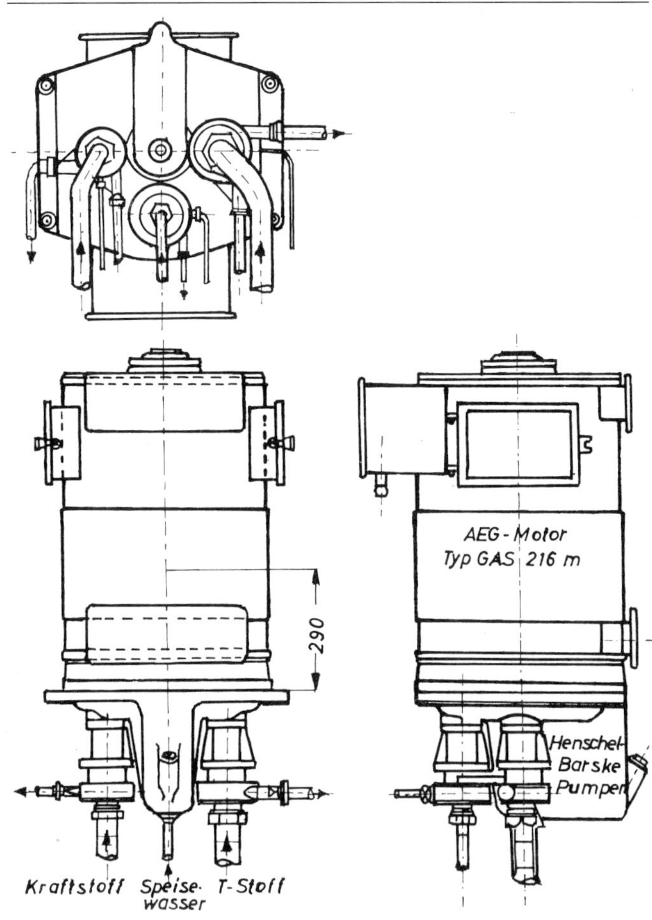

Maßskizze der Dreistoffpumpe von Henschel.

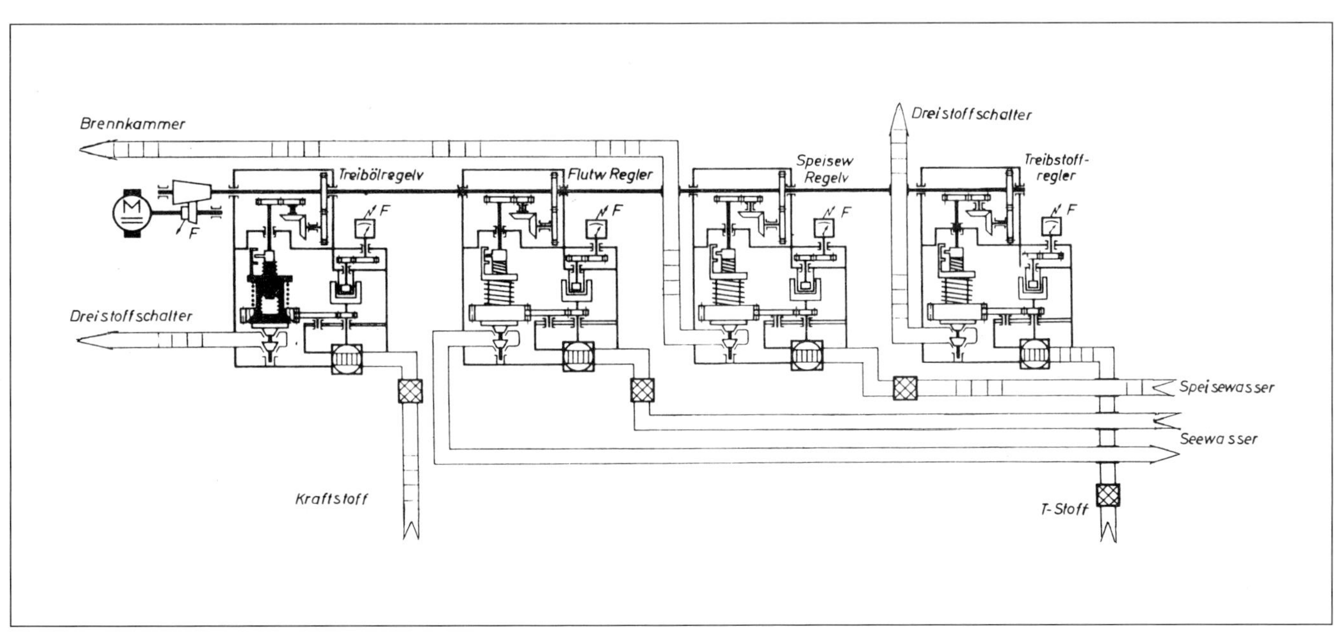

Schematische Darstellung des Vierstoffreglers beim Ubootttyp XVII B.

Zersetzer und Brennkammer des Typ XVII-Prüfstandes der H. Walter KG.

menge gesteuert werden. Auf jeder Kammer befand sich ein Meßgerät, das die gerade durchlaufende Flüssigkeitsmenge anzeigte.
Die Trennung von Pumpen und Reglern war vom konstruktiven Standpunkt aus recht aufwendig und auch für die Fertigung und den Betrieb ungünstig. Das Ziel war deshalb die Verwendung einer Verdrängerpumpe, die sowohl fördern als auch dosieren konnte. Sie wurde erstmals 1944 für den Walter-Torpedotyp STEINWAL entwickelt und erprobt und nach dem Krieg in der neuen Walter-Ubootanlage benutzt.

Der **Zersetzer** (Ruhrstahl) war ein Druckgefäß, in dem auf einem Sieb der Katalysator angeordnet war. Dieser bestand aus keramischen Würfeln oder röhrenförmigen Körpern von ca. 1 cm Länge, die mit einer Kalziumpermanganatlösung getränkt waren. Auf sie wurde der T-Stoff durch mehrere im Deckel befindliche Düsen gesprüht. Das Zersetzungsprodukt, ein Gemisch aus Wasserdampf und Sauerstoff, strich durch die Steinschicht und trat mit einer Temperatur von 485° C aus. Dabei ergab sich ein gewisser Abrieb der Katalysatorsteine, der für eine gleichbleibende Aktivität der Steine sorgte, jedoch das Gas-Dampf-Gemisch verunreinigte. 1 kg Steine zersetzten ca. 720 kg/Std T-Stoff bei einem Druck von ca. 30 atü. Nach 3-4 Stunden Betriebsdauer mußten die Steine regeneriert werden.

Die **Brennkammer** (Ruhrstahl) bestand aus einem zylindrischen Druckgefäß in Schweißkonstruktion von der Größe eines Ascheneimers (lichte Höhe ca. 80 cm, lichter Durchmesser ca. 35 cm, Inhalt des Verbrennungsraumes ca. 80 l), der stündlich 35-40 t Treibgas

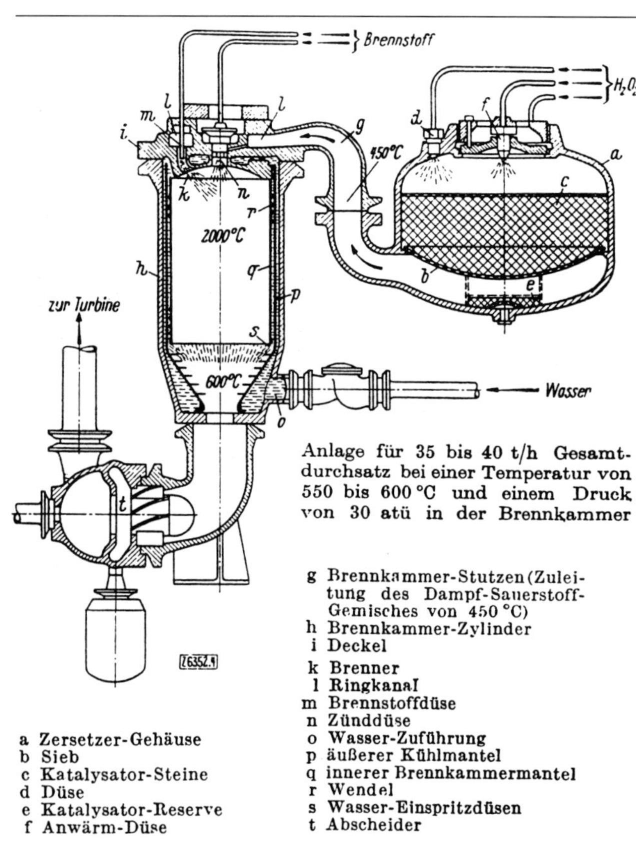

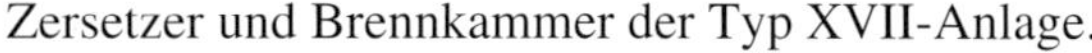

Zersetzer und Brennkammer der Typ XVII-Anlage.

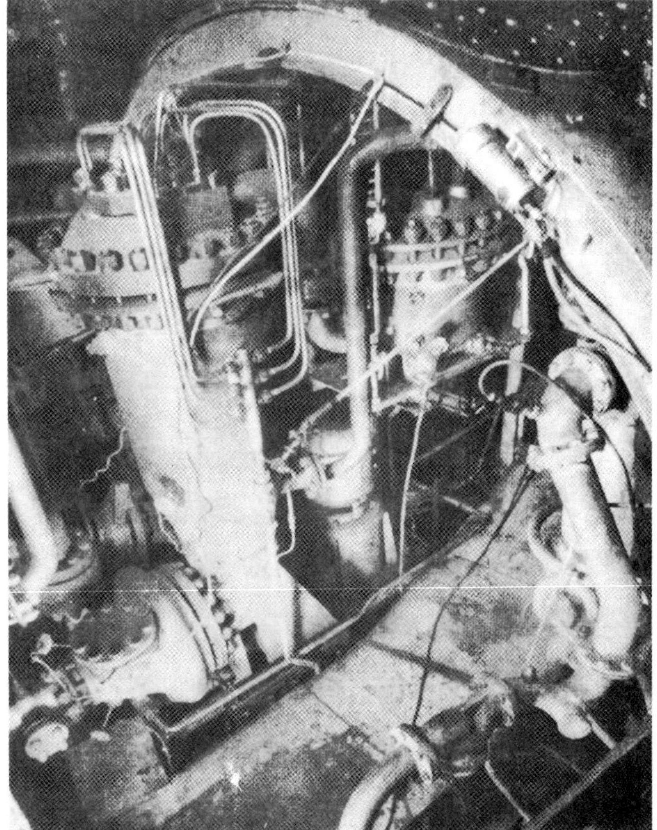

Dampferzeugungsanlage des Typ XVII-Prüfstandes in USA: Brennkammer mit Staubabscheider, dahinter der Zersetzer.

mit einer Temperatur von 550°C und einem Druck von 30 atü erzeugen konnte.
Das Wasserdampf-Sauerstoff-Gemisch trat durch einen seitlichen Stutzen in einen Ringkanal innerhalb des Brennkammerdeckels ein. Von hier gelangte es durch 6 Öffnungen (Brenner) in die Brennkammer. In der Mitte jedes Brenners befand sich eine Brennstoffdüse, durch die der Kraftstoff eingespritzt wurde. Bei der Inbetriebnahme der Anlage mußte er durch eine Zündkerze in der Mitte des Brennkammerdeckels gezündet werden. Dabei stieg die Temperatur im oberen Brennkammerteil auf über 2000°C. Durch eingespritztes Speisewasser wurde nun die Temperatur der Verbrennungsgase auf 550°C herabgesetzt. Das Wasser wurde so in die Brennkammer geleitet, daß es zunächst den Brennkammermantel kühlte und dann von unten in den Heizgasstrom sprühte.
Das CO_2-Wasserdampf-Gemisch erhielt nach dem Austritt aus der Brennkammer mittels eingebauter Leitschaufeln einen Drall, wodurch beigemengte Fremdkörper, besonders der Abrieb der Zersetzersteine, durch die Zentrifugalwirkung nach außen in einen Staubabscheider abgesondert wurden.

Das Gas-Dampf-Gemisch kam jetzt zur **Turbine**. Die B&V-Boote besaßen eine einflutige Turbine der Turbinenfabrik Brückner, Kanis & Co (BKC), Dresden-Neustadt, der Typ WK 202 hatte eine Krupp-Germaniawerft-Turbine mit Curtisrad und 4 Druckstufen. Der Wirkungsgrad der 14-stufigen BKC-Turbine war mit 77% rd. 11% höher als der der GW-Turbine. Außerdem ließ sie sich schneller auf Vollast hochfahren (31 Sek. gegenüber 1 Min.).
Beide Turbinen waren für eine Ausgangsleistung von 2500 PS bei 14000 U/min konstruiert, die bei einem Eingangsdruck von 30 atü und einer Eingangstemperatur von 550°C erzielt werden sollte. Die GW-Turbine hatte ein Gewicht von 1200 kg.

Angaben zur BKC-Turbine :
Stator:

1. Kranz	letzter Kranz
104 Schaufeln von	112 Schaufeln von
17 mm Blatthöhe,	37 mm Blatthöhe

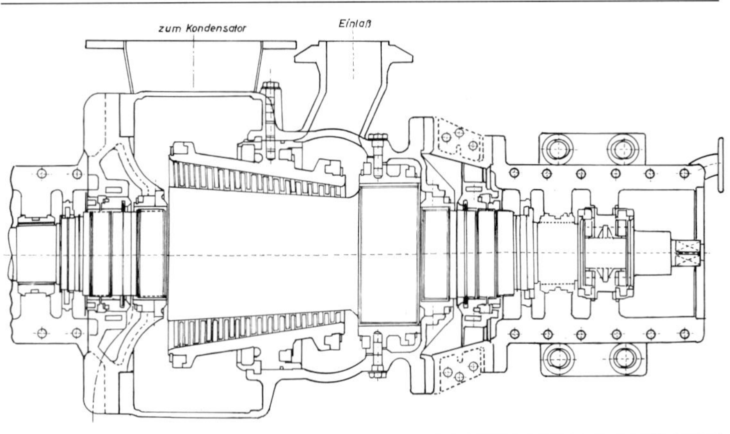

Schnittzeichnung der Brückner-Kanis-Turbine.

Blick in den Heckraum von U 1409 mit der z.T. demontierten Turbinenanlage. Rechts das Gehäuse der 2500-PS-Turbine, dahinter das Turbinen- und das Wellengetriebe, darüber an der Decke der Getriebeölkühler.

Turbinenläufer einer 2500-PS-Walter-Turbine der Firma Brückner, Kanis & Co.

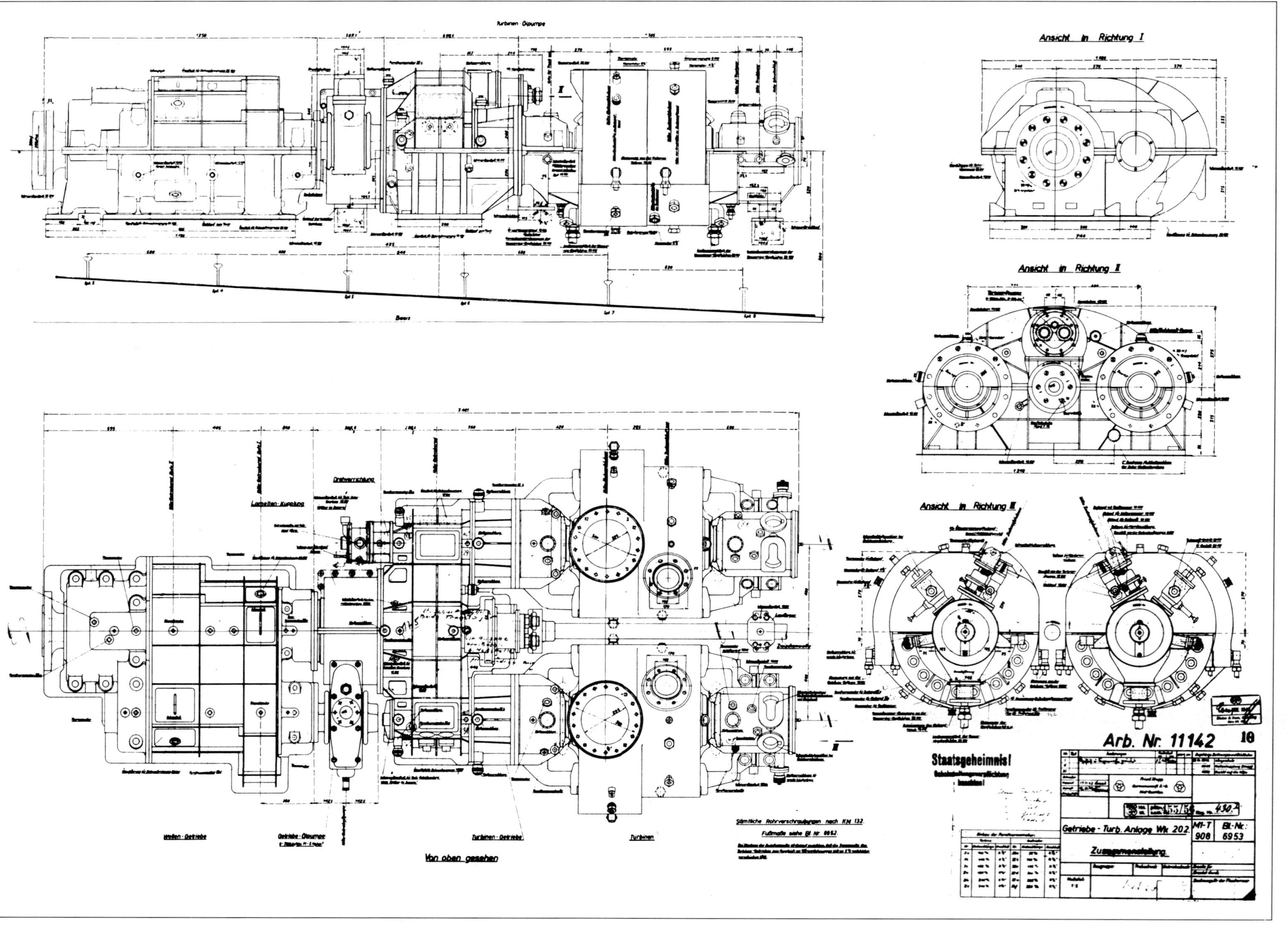

Originalzeichnung der Turbinenanlage mit Getriebe von WK 202

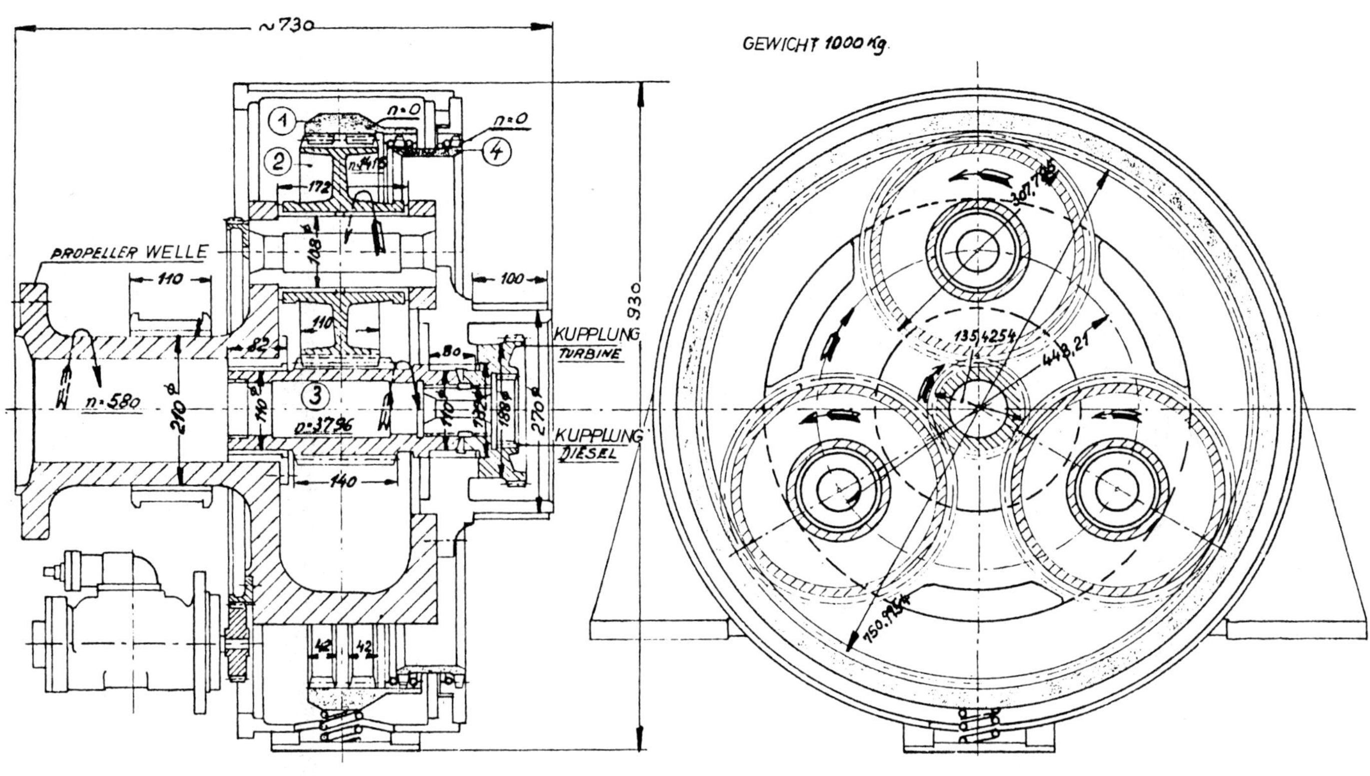

Schnittzeichnung des Planetengetriebes des Typs XVII.

Rotor: Max. Durchmesser 210 mm

1. Kranz	letzter Kranz
104 Schaufeln von	99 Schaufeln von
19 mm Blatthöhe	39 mm Blatthöhe

Die hohe Turbinendrehzahl wurde bis zur Propellerwelle zweifach untersetzt, zuerst durch das **Turbinengetriebe** (ein übliches Schrägzahngetriebe der Bauart Kanis-Roeder) im Verhältnis 3,85:1 und dann durch das Wellengetriebe (ein Planetengetriebe der Bauart Stoeckicht) im Verhältnis 6,54:1.

Geöffnetes Turbinengetriebe des Typs XVII.

Die **Sperrwasseranlage** sollte die Turbinenstopfbuchsen mit Sperrwasser abdichten. Später verzichtete man auf diese Abdichtungsart und behielt nur noch die Rücklaufverbindung zur Sperrwasserzelle bei, durch die der Wrasen abgesaugt wurde. Außerdem versorgte die Sperrwasserleitung den Wrasenkühler mit Einspritzwasser und speiste den Wasserring der Wrasenpumpe. Das ‚Sperrwasser' wurde der Speisewasserleitung hinter dem Kühler entnommen. Das Einspritzwasser des Wrasenkühlers wurde mit dem Wrasenkondensat in der Sperrwasserzelle gesammelt. Von hier pumpte eine Sperrwasserpumpe dieses Wasser in zwei Hochbehälter oder direkt in die Sperrwasserleitung zurück.

Ursprünglich war als **Sperrwasserpumpe** eine Kreiselpumpe der Bauart Klein-Schanzlin mit einer Förderleistung von 18-20 m^3/Std gegen 60 m WS vorgesehen. Der zugehörige Antriebsmotor der Bauart AEG-AWV 85 mod hatte eine Leistungsaufnahme von 2,7 kW bei 1000 U/min und 110 V sowie 8,8 kW bei 2000 U/min und 320 V. Später begnügte man sich mit der Hand-Sperrwasserpumpe zum Lenzen der Sperrwasserzelle.

Die **Wrasenpumpe** saugte den Wrasen von den Turbinen-Stopfbuchsen ab und drückte ihn in die Abgasleitung Bb und Stb. Sie war eine elektrisch angetriebene Wasserringpumpe der Fa. Siemens mit einer Förderleistung von max. 90 m^3/Std bei 80 m Wassersäule und einer erforderlichen Antriebsleistung von max. 25 kW, die von einem E-Motor der Type G 167/18m erbracht wurde.

Die Wasserringpumpe ähnelt in ihrem Aufbau den Kapselluftpumpen, nur wird hier die Absperrung durch einen mitlaufenden Wasserring erzeugt, der zwischen den Schaufeln des exzentrisch angeordneten

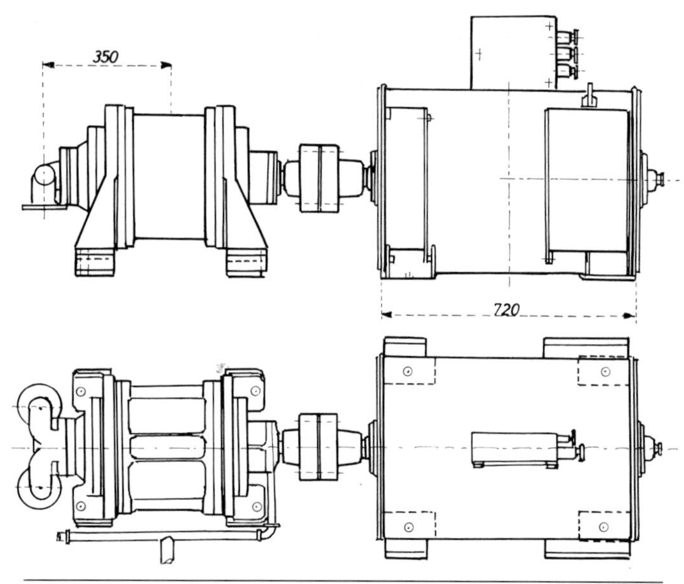

Maßzeichnung der Wrasenpumpe des Typs XVII.

Laufrades den Gasraum während einer Umdrehung vergrößert und wieder verkleinert. Dadurch wird das Gas zuerst angesaugt und dann hinausgedrückt.

Beim Typ XVII saß der **Kondensator** auf dem Turbinengehäuse. In ihm wurde der aus der Turbine austretende Wasserdampf mit Hilfe von Einspritzwasser verflüssigt. Das 95°C heiße Kondensat wurde nun in einem Kondensat-Ausgleichbehälter gesammelt und von hier durch eine Kondensatpumpe in den

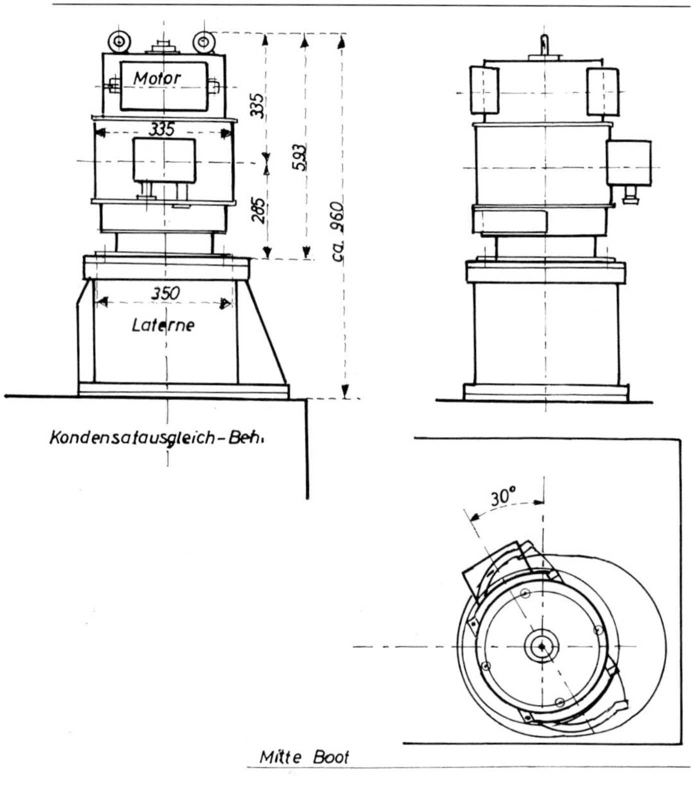

Maßzeichnung der Kondensatpumpe.

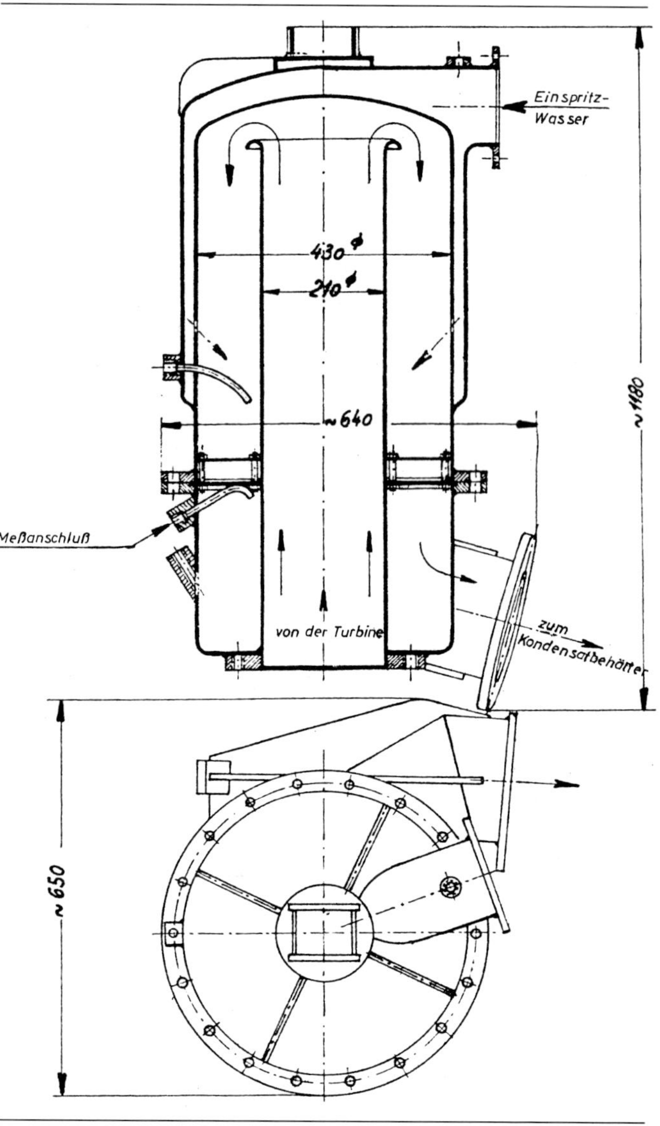

Schnittzeichnung des Typ XVII-Kondensators.

Seewasserkühler gedrückt, wo es auf 35°C abkühlte und dann in den Speisewasserkreislauf zurücklief.

Beim Typ Wa 201 bestand der **Seewasserkühler** aus 1100 Rohren von 11/14 mm Durchmesser und ca. 3500 mm Länge, durch die Seewasser floß, während das Kondensat um die Rohre geführt wurde. Er war für einen Durchfluß von 900 m^3/Std Seewasser und 150 m^3/Std Kondensat ausgelegt.
Beim Typ XVII B wurde für den Ein- und Austritt des Seewassers eine 3-Düsen-Anordnung gewählt. Diese war so eingestellt, daß sich bei 26 kn auf jeder Seite eine Durchflußmenge von 2850 m^3/Std ergeben sollte. Nach Schleppversuchen betrug bei einer Geschwindigkeitserhöhung um 2 kn die Zunahme der Durchflußmenge ca. 200 m^3/Std. Der Widerstand dieser Düsen entsprach bei 26 kn 137 WPS und bei 22 kn 99 WPS (3,4% vom Gesamtaufwand).

Die **Kondensatpumpe** von Klein-Schanzlin konnte bei 3500 U/Min und 15 m WS 185 m^3/Std fördern. Den dafür erforderlichen Antrieb von 15,3 PS lieferte

Der Turbinenfahrstand des Typs XVII an der Stb-Seite des gasdichten Turbinenschotts. Unter der Tafel mit den Meßgeräten befand sich eine Konsole mit fünf Handrädern. Das große Handrad (links) gehörte zum Dreistoffschalter. Die drei kleinen Handräder in der Mitte bedienten die Fahrventile der Turbine am Zersetzer-Eingang, das rechte den Vierstoffregler. Der Schalter darunter war für die Bedienung des Zündventils für den Kraftstoff an der Brennkammer vorgesehen. Zwei Handräder an der rechten Seite der Schotttür mit dem Schauglas gehörten zur Sperrwaseranlage. Unter der Konsole (auf dem Bild nicht mehr zu sehen) befanden sich 7 Ventile, die zum Schnellschluß der Turbine und der T-Stoffzuführung und 5 Ventile, die zur Entwässerung der Turbine, des Zersetzers und des Staubabscheiders gehörten, sowie der Hebel für die Kupplung des Turbinen-Getriebes.

der AEG-Motor AWV 59 von 13 kW Leistungsaufnahme bei 3500 U/Min.
Der nicht kondensierte Rest aus CO_2 und Wasserdampf von etwa 6,8 atü Druck wurde in einem **Gasabscheider** gesammelt und von dort durch ein Ventil direkt nach außenbord geleitet.
Die CO_2-Gasbläschen lösten sich dann relativ schnell im Seewasser, so daß auf der Wasseroberfläche keine verräterische Spur entstand. Dies war allerdings nur bei der Verwendung von Stickstoff-freiem Kraftstoff, wie z. B. Dekalin, möglich.

Der **T-Stoff** wurde bei den Walter-Ubooten in Kunststoffbeuteln aus 3 mm starkem MIPOLAM (einem durch Zugabe von Weichmachern plastisch gemachten Polyvinylchlorid [PVC]) aufbewahrt. Die Beutel waren oben aus härterem PVC-Material von 5 mm Dicke ausgeführt. Hier befanden sich eine Öffnung zum Füllen und Entleeren sowie ein Anschluß zum Entgasungsventil. Die Beutel waren oben durch Schlaufen an einem Rohrgestänge befestigt. Das MIPOLAM wurde von der Dynamit-Ag (vormals Alfred Nobel & Co) in Troisdorf bei Köln hergestellt. Auch die Beutel wurden dort fabriziert. Die eigentliche Lieferfirma war die Venditor-Kunststoffverkaufs-GmbH, ebenfalls in Troisdorf ansässig.
Beim Typ XVII B waren vorn 9 und hinten 8 Beutel für je etwa 3 t T-Stoff im Außenschiff unter dem Druckkörper hinter abnehmbaren Platten angeordnet. Ihre Anschlüsse waren in 4 Beutelgruppen zusammengefaßt. Die Förderung des T-Stoffs erfolgte durch den äußeren Wasserdruck, der die MIPOLAM-Beutel bei der Entleerung zusammendrückte.

Dieselmotor

Sowohl bei den Ubooten der Typen Wa 201 und WK 202 als auch bei XVII B/G kam der von Klöckner, Humboldt-Deutz AG für kleinere Boote (Polizei-, Zoll- und Feuerlöschboote) entwickelte und gebaute 8 Zylinder 4-takt Schiffsdiesel der Bauart SAA8 M517 zur Anwendung. Mit Aufladung durch ein seitlich angebautes Rootsgebläse konnte er max. 210 PS bei 1350 U/Min Motordrehzahl und 208 U/Min Propellerdrehzahl leisten. Bei Vollast betrug sein Kraftstoffverbrauch 190 g/PSh. Bei Batterieladung leistete er 125 PS bei 800 U/Min, davon 45 PS für den Antrieb (5,3 kn) und 80 PS für den Generator.

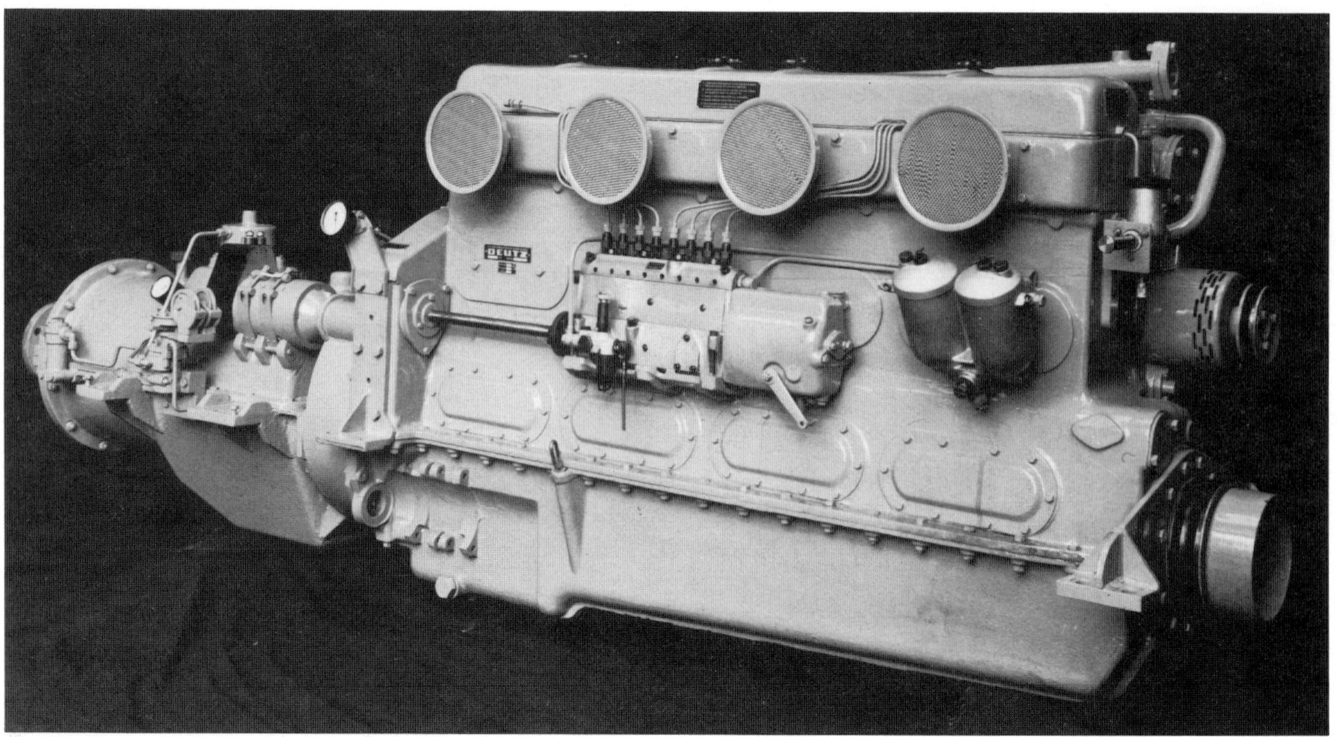

Deutz-Dieselmotor der Bauart SAA8 M517 mit 125-210 PS bei 800-1350 U/Min.

Schnorchelanlage

Am 13. Juli 1944 fand im OKM eine Besprechung mit Vertretern der Werft B&V über den Einbau einer Schnorchelanlage bei den Typ XVII B-Ubooten statt. Der B&V-Vorschlag lehnte sich an die Ausführung bei den Schnorchel-Versuchs-Ubooten U 57 und U 58 an und sah einen ausfahrbaren Luftmast an Stelle des hinteren Sehrohres vor. Für die Herstellung sollten Ausschußrohre aus der Sehrohrfertigung benutzt werden. Im Schnorchelkopf war ein Kugelschwimmerventil vorgesehen.

Am 22. September 1944 wurde dann von B&V eine Beschreibung und Betriebsvorschrift für die Typ XVII B-Schnorchelanlage vorgelegt. Danach hatte der Zuluftmast einen Durchmesser von 180 mm. Das Kopfventil war jetzt als Ringschwimmer mit einer Schalen-Tarnung gegen Radar ausgeführt. Der Abgasmast war mit dem Zuluftmast starr verbunden und ließ sich teleskopförmig zusammenschieben. Das Ein- und Ausfahren des Zuluftmastes erfolgte wie beim Sehrohr durch eine elektrisch betriebene Seilwinde. Im ausgefahrenem Zustand wurde der Schnorchelmast durch eine Selbstsperrung des Getriebes und durch Rasten des Handbetriebes in seiner Endlage gehalten. Es wurde mit folgenden Leistungen gerechnet:

1. Schnorchelbetrieb ohne Ladung bei maximaler Fahrgeschwindigkeit
   N = 193 PS bei n = 1350 U/min ; v = 7,75 kn
2. Schnorchelbetrieb mit Ladung (kürzeste Ladezeit)
   N = 154 PS bei n = 995 U/min; v = 5 kn;
   Ladezeit 10,7 Std.
3. Schnorchelbetrieb mit Ladung (maximaler Fahrbereich) N = 69 PS bei n = 772 U/min;
   Schnorchel-Fahrbereich 3130 sm/ 3,85 kn

Es ist nicht bekannt, ob U 1405 mit dieser Schnorchelanlage abgeliefert wurde. Das Boot erhielt im April 1945 bei der Germaniawerft einen Schnorchel mit elektropneumatischem Kopfventil eingebaut. Dagegen sollen U 1406 und U 1407 bereits bei ihrer Indienststellung einen elektropneumatischen Schnorchel besessen haben.

E-Maschine

Die E-Maschine von Wa 201 und WK 202 war eine vierpolige Gleichstrommaschine der AEG-Bauart AWT 97. Der Ubootyp XVII B war mit der Ausführung AT 98 ausgerüstet, die sich nur geringfügig von

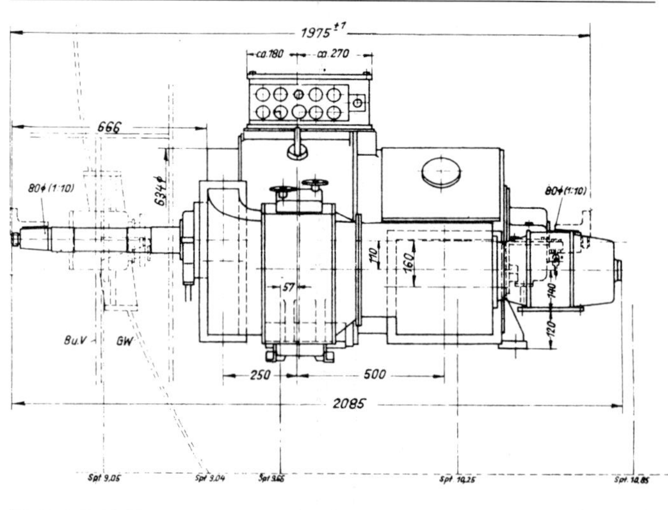

E-Maschine AT 98 des Uboottyps XVII B.

Anker der E-Maschine AT 98.

AWT 97 unterschied. Beide besaßen einen Anker, eine Nebenschluß-, eine Reihenschluß- und eine Anlaßreihenschlußwicklung sowie Wendepole. Der Kommutator war mit Schrumpfringen ausgerüstet und für eine Betriebsdrehzahl von 4000 U/Min geeignet.
Die Gleitlager mit eingebautem Drucklager und Festringschmierung bewirkten eine gute Kühlung. Die Maschinen selbst waren fremdbelüftet und wurden im Kreislauf gekühlt. Bei der Type AWT 97 lag der Kühler unter der E-Maschine, bei der Type AT 98 neben der Maschine.
Die E-Maschinen waren auf kleinstes Gewicht (1320 kg) getrimmt und hatten entsprechend auch kleine Abmessungen (Länge 1,035 m). Beim Motorbetrieb betrug die Leistung 4-37 kW bei einer Drehzahl von 360-795 U/min und 55-110 V Spannung, beim Ladebetrieb 80 kW bei 850 U/min und 170 V und beim Leonhard-Betrieb 180 kW bei 3860 U/min und 400 V. Die Betriebsdauer bei 180 kW sollte 45 Min nicht überschreiten. Die E-Maschine war unter den Flurplatten vor dem Turbinenraumschott untergebracht und mit der Dieselwelle direkt über eine Kupplung verbunden.

E-Anlage

Die ersten Entwürfe für die Schalttafeln der Walter-Uboote gingen dahin, daß man versuchte, die Betriebsbedingungen über Schütze und Selbstschalter zu ermöglichen. Etwa 1942 trat die GW bzw. die Fa. Walter KG an die AEG mit dem Auftrag heran, die E-Anlage nach verschiedenen Gesichtspunkten zu konzipieren. Grundbedingungen waren dabei Leichtbau, raumsparende Ausführung und betriebsmäßige Bedienungsmöglichkeit. Die Lösung der AEG sah Nockenbetriebene Leistungsschalter vor, mit denen man einen vorgeschriebenen Turnus in der Schaltmechanik einhalten konnte. Ferner war es möglich, durch Aufklappen der Abdeckwand die Schaltgeräte und Schaltelemente während des Betriebes und danach von vorn zu besichtigen und zu warten. Diese Schalttafeln wurden parallel zu den Nockenschalttafeln für den Uboottyp VII C/42 entwickelt und gebaut.
Beim Typ Wa 201 bestand die Schaltanlage aus je einer Haupt- und Hilfsschalttafel, die sich gegenüberstanden, bei allen anderen Typen nebeneinander in einem gemeinsamen Gehäuse.
Die Hauptschalttafel besaß in der Mitte auf der Frontseite eine Kurbel, die für jede Schaltstufe um 360° gedreht werden mußte. Bei 180° wurde die Anlaß-Kompoundwicklung kurzzeitig eingeschaltet und später kurzgeschlossen. Jede volle Umdrehung benötigte eine Sekunde. Während der ersten Umdrehung war zwangsläufig die E-Maschine angelaufen. Gleichzeitig wurde die Erregerwicklung auf volles Feld geschaltet. Die früher übliche zusätzliche Betätigung des Fahrtregler-Erregervorwiderstandes war hier also nicht notwendig. Die Kurbel betätigte über ein Winkelgetriebe die einzelnen Nocken der Leistungsschalter.
Die beiden ersten Stufen des Fahrtschalters waren an die Teilbatterien Bb und Stb mit je 55 V Spannung ge-

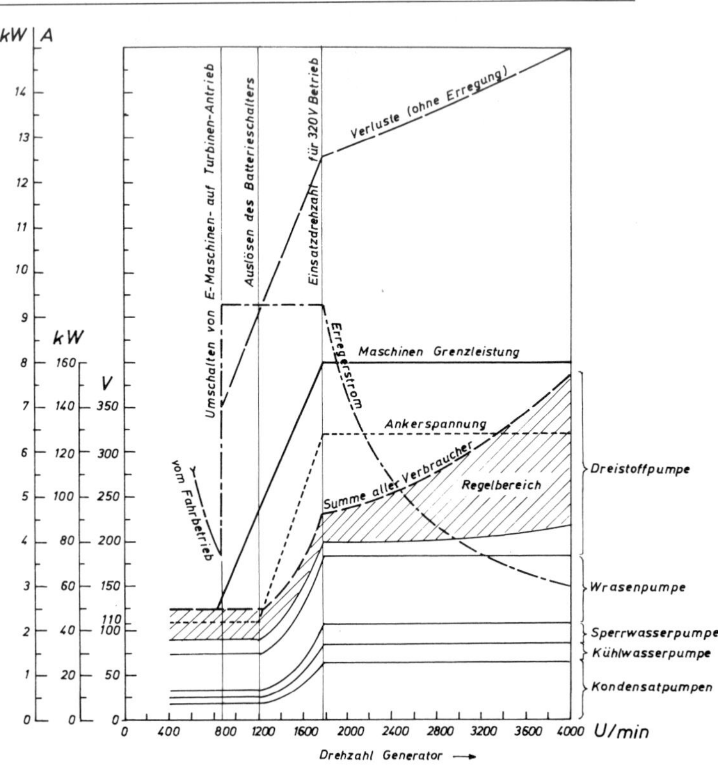

Leistungs-, Verlust- und Feldstromkennlinien der E-Maschine AT 98 bei Netzbereich.

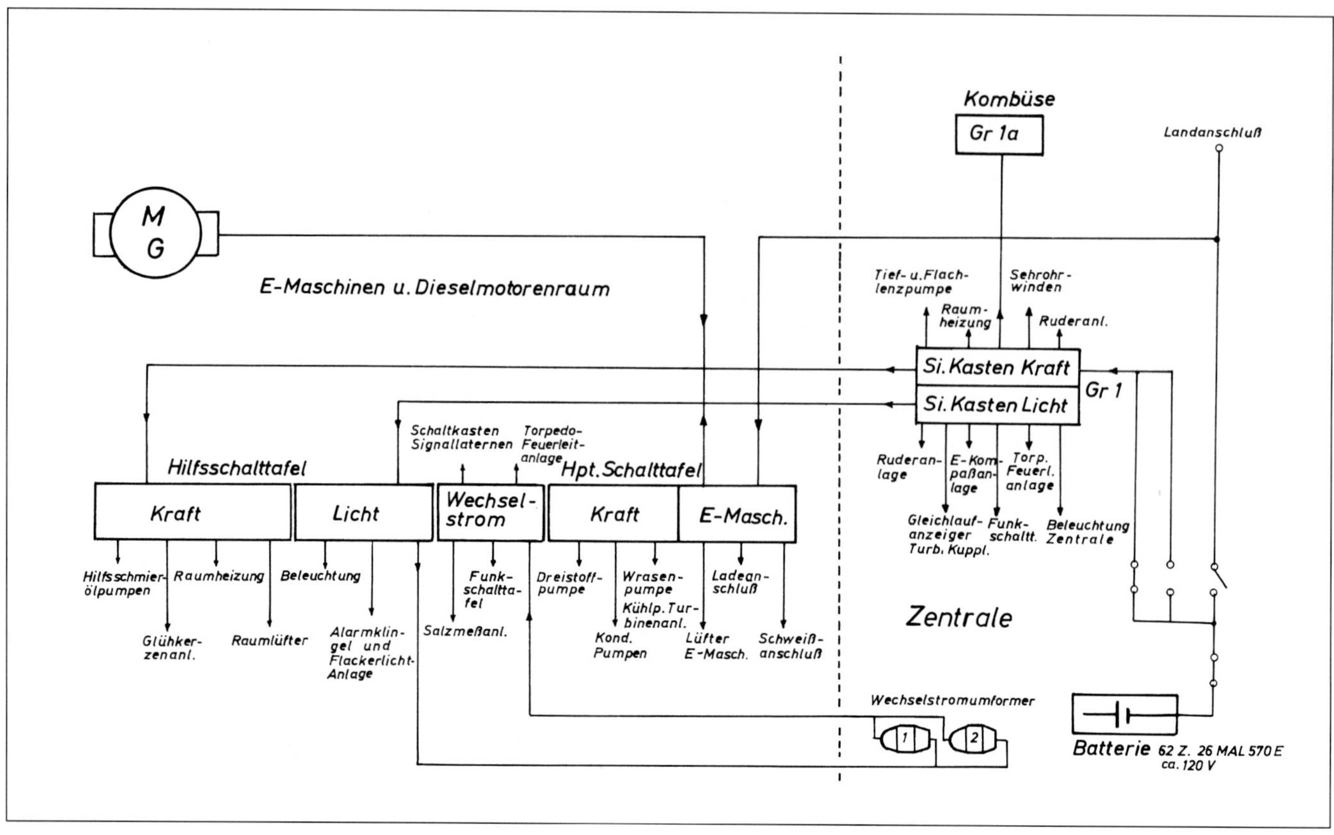

Schematische Darstellung der E-Anlage des Uboottyps XVII B.

schaltet. Der Lade- bzw. Entladestrom floß über Differenzzähler, an denen ständig der Ladezustand der Teilbatterien abgelesen werden konnte. Wenn die eine angeschlossene Batteriehälfte zu stark entladen war, mußte auf die andere umgeschaltet werden.

In der 3. Stufe (nach drei vollen Umdrehungen der Kurbel) wurde die gesamte Batterie erfaßt und an den Anker 110 V gelegt. Damit war auf höchste E-Maschinenfahrt geschaltet. Die Zwischenstufen wurden mit dem Fahrtregler von Hand gefahren. Dieser war ein Widerstandsregler mit einer feinstufigen Trommelkontaktbahn.

Eine weitere Kurbelumdrehung gab in der Fahrtstufe 4 den Walterbetrieb frei. In dieser Fahrtstufe wurden die Motoren der meisten Hilfsanlagen über Paketanlaßschalter angelassen.

Die Motoren der Dreistoff- und Wrasenpumpe besaßen Walzen-Anlaßschalter. Diese Schalter befanden sich in der Hilfsschalttafel. Sobald die Pumpen liefen, konnten vom Turbinenfahrstand an der Schottwand zum Turbinenraum die Walter-Turbinen eingeschaltet werden. Waren diese soweit hochgefahren, daß sie die mit ihnen über ein Getriebe gekuppelte E-Maschine über deren normale Motorenhöchstdrehzahl zogen, arbeitete die E-Maschine als Generator und ließ einen Rückstrom in die Batterie fließen. Erreichte dieser 200 A, fiel der Batterieselbstschalter aus. Die Hilfsmotoren der Walter-Anlage wurden dann nicht mehr mit der konstanten Batteriespannung von 110 V gespeist, sondern hingen nun an der Generatorspannung.

Der Generator besaß einen automatischen Regler, der auf den Fahrtregler wirkte. Überstieg bei steigender Generatordrehzahl die abgegebene Spannung 320 V, dann hielt dieser Regler die Spannung konstant, indem er das Feld des Nebenschlußgenerators entsprechend herabsetzte.

Die automatische Regelung wurde von einem Dietze-Regler, der über Schützen einen hochtourigen Motor steuerte, bewirkt. Dieser Motor betätigte dabei den Fahrtregler so, daß die 320 V stets eingehalten wurden.Die Dreistoffpumpe konnte in diesem Bereich auch noch über die Schalttafel der Walter-Anlage geregelt werden.

Beim Absetzen der Walter-Turbine wurde auf die Fahrtstufe 3 zurückgeschaltet, bei der die Batterieselbstschalter wieder in Funktion traten und die E-Maschine in ihre normale Drehzahl einfuhr.

Batterie

Ursprünglich war vorgesehen, daß der Typ XVII B die gleiche Batterie mit 62 Zellen und 2980 Ah bei 10stündiger Entladung wie Wa 201 und WK 202 erhalten sollten. Am 28. April 1943 wurde die Batteriefrage bei B&V mit Ob.BR Waas und Vertretern der Firma Walter KG besprochen. Bei dem Besuch von Walter und Waas im November 1942 beim BdU hatte Dönitz gefordert, daß die Walter-Front-Uboote eine Unterwasserausdauer von 50 Stunden haben müßten. Beim Typ XVII B wären mit der vorgesehenen Batterie jedoch nur 25 Stunden zu erreichen gewesen.

Die Vergrößerung der Batterie auf 4560 Ah bei 10 stündiger Entladung würde 38 Stunden bringen. Mehr wäre ohne eine größere Umkonstruktion des Bootes, da ja dann auch der Diesel und die E-Maschine mitwachsen müßten, nicht zu erreichen. Um bei der 4560 Ah-Batterie (26 MAL 570 E) die Ladezeit nicht zu groß werden zu lassen, wurde vorgeschlagen, statt des vorgesehenen 210 PS-Diesels den 400 PS-Diesel T 12 M 114 von Klöckner-Humboldt Deutz AG einzubauen. Während dann die 4560 Ah-Batterie beim Typ XVII B zum Einbau kam, blieb es wegen Lieferschwierigkeiten jedoch beim SAA 8M517-Diesel.

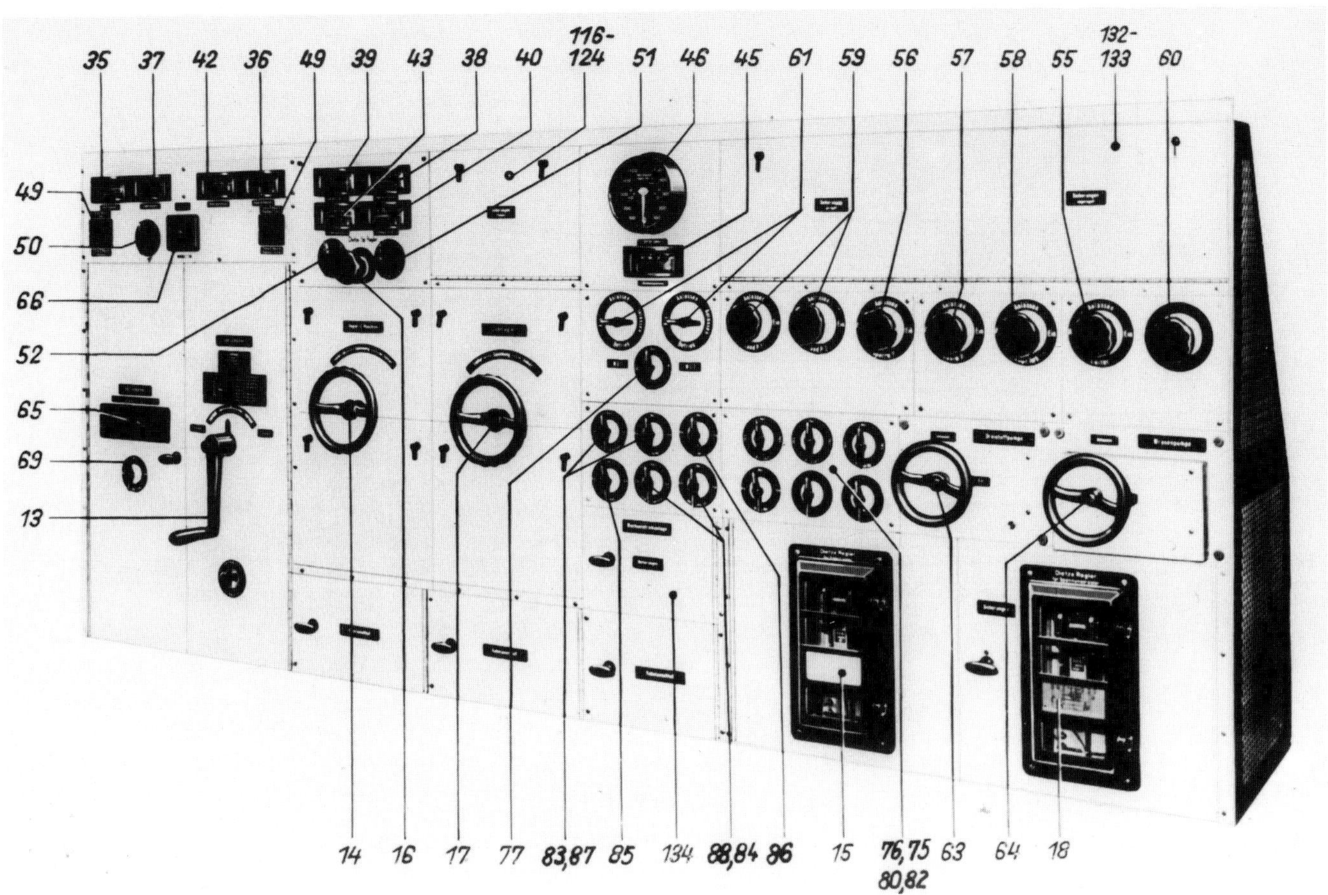

Vorderansicht der E-Schalttafel des Uboottyps XVII B.

Vorderansicht der geöffneten E-Schalttafel. ▼

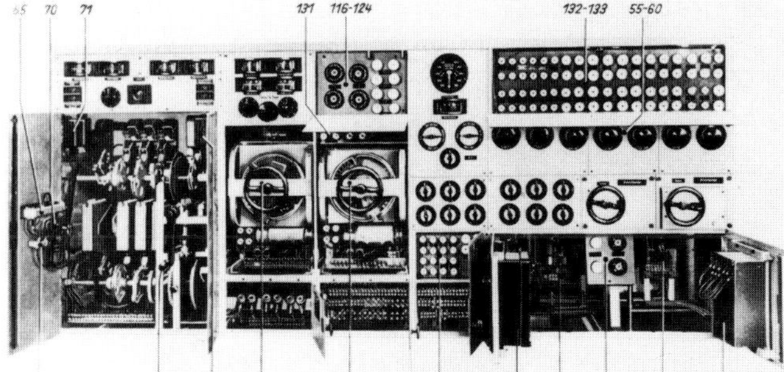

13 Fahrschalter
14 Regler E-Maschine
15 Dietze-Regler zu 14
16 Einstellwiderstand zu 15
17 Lichtregler
18 Dietze-Regler zu 17
35 Batteriestrommesser
36 Maschinenstrommesser
37 Feldstrommesser
38 Strommesser, 110 V ungeregelt
39 Strommesser, 110 V geregelt
40 Pumpenstrommesser
42 Maschinenspannungsmesser
43 Batteriespannungsmesser
45 Wechselspannungsmesser
46 Differenzzähler
49 Temperaturanzeigegerät
50 Meßumschalter für Batterie-Strommesser
51 Meßumschalter für Pumpenstrommesser
52 Meßumschalter für Batterie-Spannungsmesser
55 Paketanlaßschalter für E-Masch Lüftermotor
56 Paketanlaßschalter für Sperrwasserpumpe
57 Paketanlaßschalter für Kühlwasserpumpe
58 Paketanlaßschalter für Hilfsgetriebepumpe
59 Paketanlaßschalter für Kondensatpumpe
60 Paketanlaßschalter für Reserveabzweig
61 Paketanlaßschalter für Wechselstromumformer
63 Walzenanlaßschalter für Dreistoffpumpe
64 Walzenanlaßschalter für Wrasenpumpe
65 Dreifachdruckknopf für Merklampe
66 Merklampe
69 Störungsschalter
70 Unterspannungsrelais
71 Überstromrelais zu 13
72 Zeitrelais zu 71
75 Paketumschalter für E-Masch Ölpumpe
76 Paketumschalter für Bootslüfter
77 Paketumschalter für Wechselstromumformer
80 Paketumschalter für Hilfs-Turbinenölpumpe
82 Paketschalter für Reserveabzweig
83 Paketschalter für Torpedo-Feuerleitanlage
84 Paketschalter für 6 V Gleichrichter
85 Paketschalter für Signallaternen
87 Paketschalter für Salzmeßanlage
88 Paketschalter für Fernzählanlage
91 Kohledruckregler für Wechselstromumformer
92 Gleichrichter für Kohledruckregler
116 225 A Sicherungen für Dreistoffpumpe
118 160 A Sicherungen für Wrasenpumpe
122 60 A Sicherungen für Kondensatpumpe
123 35 A Sicherungen für Sperrwasserpumpe
124 20 A Sicherungen für Kühlwasserpumpe
131 6 A Sicherungen für Dietze-Regler und Batterie Schaltersteuerung
132 6 ... 80 A Sicherungen für ungeregeltes Netz
133 6 ... 25 A Sicherungen für geregeltes Netz
134 6 ... 6 A Sicherungen für Wechselstromanlage

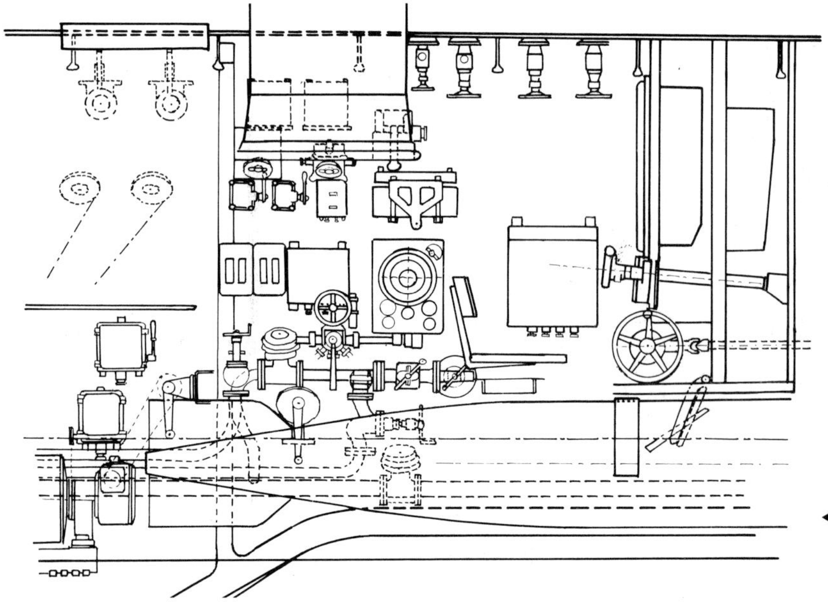

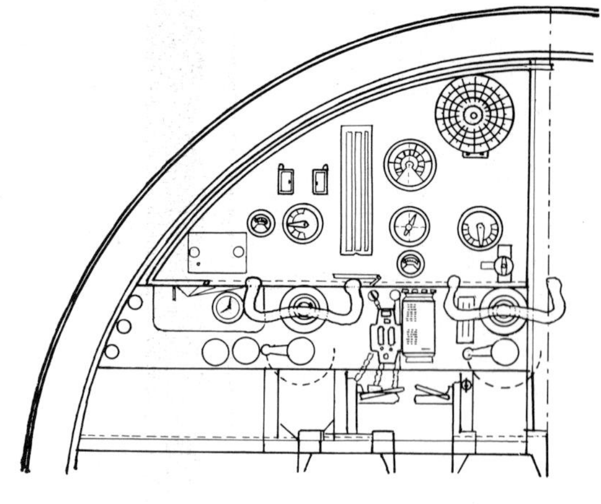

▲

◀ Kombinierter Seiten- und Tiefenruderstand bei WK 202. Wie beim späteren Uboottyp XXI war statt der sonst üblichen Handräder eine Hebelbedienung eingebaut.

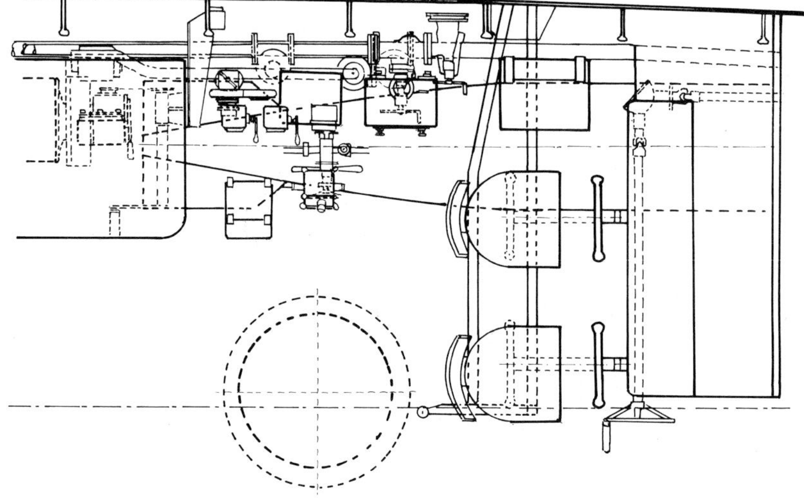

Der ursprüngliche Wa 201-Entwurf von B&V sah ein Steuerpult mit zwei Handrädern vor, mit denen sowohl das Seiten- als auch das Tiefenruder gelegt werden konnte. Nach vorn drücken der parallel geschalteten Handräder bewirkte nach unten, heranziehen nach oben gehen des Bootes. Durch Drehen wurde das Seitenruder bewegt. Flettner-Hilfsruder sollten die großen Steuerkräfte bei hohen Geschwindigkeiten derart verringern, daß Handbedienung ohne Servo-Unterstützung möglich sein sollte.

▼

Die Fahrtafel der Kurs- und Tiefensteueranlage von Wa 201.

Wegen der großen Reibung in den Leitungen zu den Flettner-Blättern und dem geplanten Einbau einer elektrischen Steuerautomatik wurde die Steueranlage von Wa 201 umkonstruiert. Sie bestand nun aus Stromtorreglern, Leonhard-Umwandlern, Rudermotoren mit Getrieben und einer elektrischen Rückmeldeeinrichtung. Das jeweilige Handrad für Seite oder Tiefe erzeugte in der angeschlossenen Steuerbrücke eine Steuerspannung, die dem Stromtorregler zugeführt wurde. Von ihm wurde nun der Erregerstrom des Leonhard-Umformers geschaltet. Dieser lieferte den Ankerstrom für den Rudermotor, dessen Erregerwicklungen ständig unter Strom waren. Wie ausgeführt, war diese komplizierte Anlage bei den Erprobungen von U 792 meist unklar, und das Boot mußte durch Handbedienung des Notsteuerstandes gefahren werden, was allerdings ohne Schwierigkeiten möglich war.

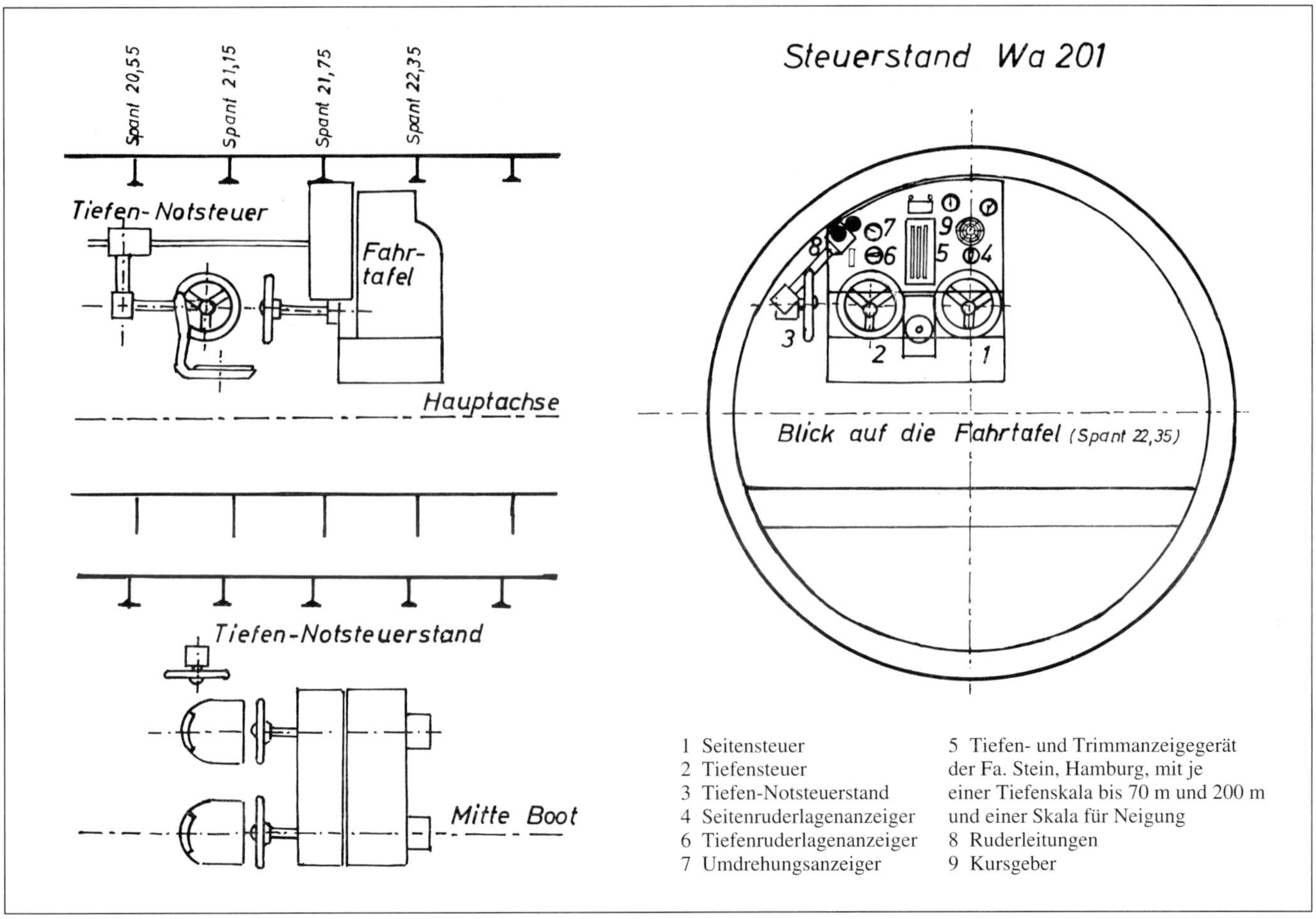

Spant 20,55
Spant 21,15
Spant 21,75
Spant 22,35
Tiefen-Notsteuer
Fahrtafel
Hauptachse
Tiefen-Notsteuerstand
Mitte Boot

Steuerstand Wa 201

Blick auf die Fahrtafel (Spant 22,35)

1 Seitensteuer
2 Tiefensteuer
3 Tiefen-Notsteuerstand
4 Seitenruderlagenanzeiger
6 Tiefenruderlagenanzeiger
7 Umdrehungsanzeiger
5 Tiefen- und Trimmanzeigegerät der Fa. Stein, Hamburg, mit je einer Tiefenskala bis 70 m und 200 m und einer Skala für Neigung
8 Ruderleitungen
9 Kursgeber

Automatische Steueranlagen

Die Entwicklung von automatischen Kurs- und Tiefensteueranlagen bei den Firmen Askania-Werke AG in Berlin-Friedenau und Siemens Apparate und Maschinen GmbH (SAM) in Berlin Marienfelde wurde durch die höheren Anforderungen der Walter-Uboote an die Ubootsteuerung wesentlich vorangetrieben. Die automatische Kurssteuerung sollte in Zusammenarbeit mit dem Kreiselkompaß die Abweichung von dem an einen Kursgeber eingestellten Sollkurs des Ubootes durch geeignete Ruderausschläge ausgleichen. Für die Einhaltung der eingestellten Solltauchtiefe wurden wie beim TA-Gerät eines Torpedos die Impulse eines Tiefenmessers und eines Pendels benutzt.

Bereits 1937 war von der Fa. Askania eine Steuerung nur für das hintere Tiefenruder konstruiert worden, die dann zu einer ‚Automatischen Kurs- und Tiefensteuerung' (KT-Steuerung) für das Walter-Versuchs-Uboot V 80 weiterentwickelt wurde. Das Foto zeigt den Prüfstand für diese KT-Steuerung. Hier wurde die Anlage im September 1940 erprobt. Sie wurde jedoch nicht auf V 80 eingebaut.

Für die elektrische Steuerung der Wa 201-Uboote hatte die Fa. SAM eine automatische Kurs- und Tiefensteueranlage entwickelt, bei der die Meßimpulse des Kreiselkompasses, des Tiefenmessers und des Pendels in elektrische Spannungen umgewandelt wurden. Die zeitliche Änderungen dieser Werte wurden durch Wendekreisel mit angeschlossenen Drehtransformatoren berücksichtigt. Diese Spannungswerte wurden nun in Mischgeräten zusammengefaßt und den elektrischen Steueranlagen zugeführt.
Wegen der Schwierigkeiten mit der elektrischen Steueranlage bei U 792 kam die Automatik nicht zur Anwendung. Das Bild zeigt das Schema dieser automatischen Steueranlage. ▼

Ein wesentlicher Fortschritt für die auf mechanischer Basis arbeitenden automatischen Uboot-steuerungsanlagen der Fa. Askania bildete das 1941 von Oberingenieur Tuschka eingeführte Schneidenrollengerät sowohl für die Kraftverstärkung als auch für die Umwandlung der Impulsänderungen in Kräfte. Damit wurde eine neue ‚Automatische Tiefen- und Lastigkeits-steuerung' entwickelt. Das Foto zeigt die Ausführung für den Walter-Typ WK 202. Sie wurde im November 1942 auf dem Prüfstand erprobt. Zum Einbau in ein Walter-Uboot kam es jedoch nicht.

Automatische Steueranlage von SAM für Wa 201

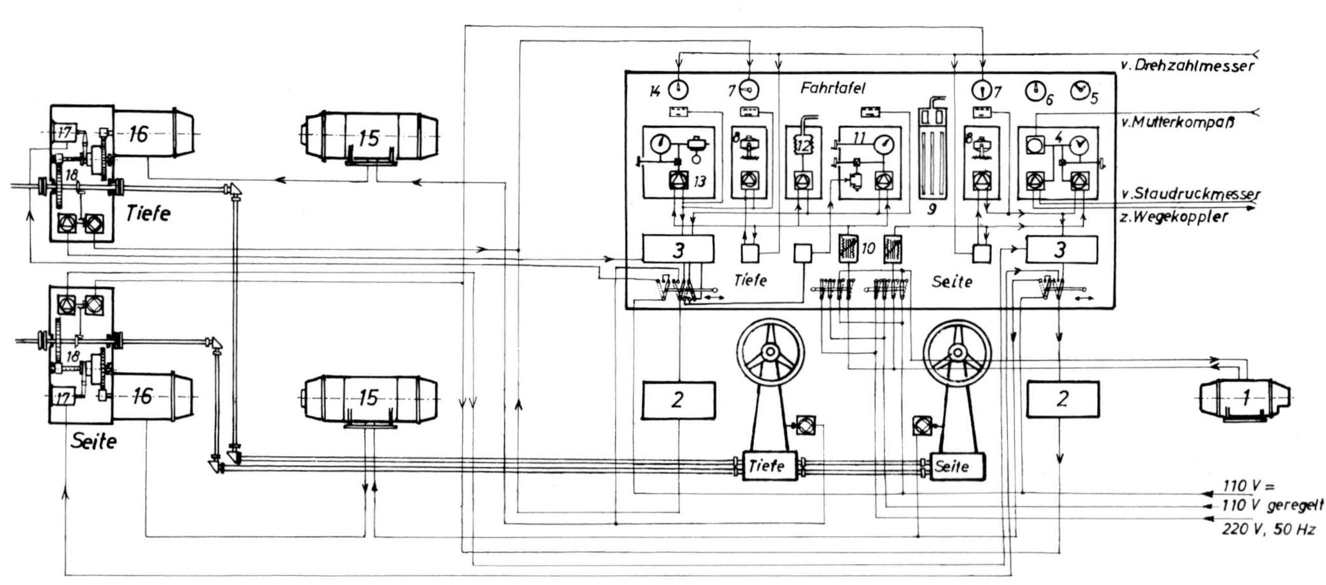

1 Kreiselumformer (500 Hz)
2 Stromtorregler
3 Mischgerät
4 Kursgeber
5 Chronometer
6 Barometer
7 Ruderlagenanzeiger
8 Wendekreisel
9 Tiefenanzeiger
10 Regeltrafo
11 Tiefenregler
12 Tiefenmesser
13 Kreiselpendel
14 Umdrehungsanzeiger
15 Leonhard-Umformer
16 Steuermotor
17 Kupplungsmagnet
18 Rudergetriebe

Torpedoanlage des Uboottyps XVII

Blick auf den Bug des umgekippten Walter-Bootes U 1409. Die Torpedorohr-Verschlüsse und -Klappen fehlen noch.

Die Walter-Entwürfe von 1941/42 sahen 5m-Torpedorohre vor. Diese verkürzte Rohrausführung wurde gewählt, um die Uboote möglichst klein zu halten. In der H.Walter KG hoffte man, daß bei der Fertigstellung der Typ XVII-Uboote dafür geeignete Hochleistungs-Torpedos mit Walter-Antrieb einsatzreif sein würden. Dabei handelte es sich um den G 5u Kolb, einen Ingolin-Torpedo von 5,5 m Länge, 1190 kg Gewicht mit einer G 7a Kolbenmaschine, der statt Luft zersetzter T-Stoff zugeführt wurde. Er war durch Verkürzung des 7m- KLIPPFISCH-Torpedos entstanden und sollte Laufstrecken von 11400 m/30kn und 6750 m/40 kn erreichen. Der KLIPPFISCH war 1942 bei der TEK in Eckernförde erprobt worden, und man rechnete am 22. Dezember 1942, in 4 bis 5 Monaten einige Versuchsgeräte der verkürzten G 5u Kolb-Ausführung abliefern zu können.

Dazu kam es aber nicht, da inzwischen beschlossen worden war, grundsätzlich auf den Ingolin-Turbinen-Torpedo überzugehen. Von den drei Entwicklungsstufen des G 7ut: STEINFISCH, STEINBUTT und STEINBARSCH wurden dann die verkürzten G 5ut-Ausführungen GOLDFISCH, GOLDBUTT und GOLDBARSCH abgeleitet. Die ständigen Umkonstruktionen, die leistungs- und herstellungsmäßige Verbesserungen bringen sollten, führten zu Verzögerungen bei der Fertigung und Erprobung der Walter-Torpedos. Als dann im Herbst 1944 nur noch 5 Front-Uboote mit 5m-Rohren vorgesehen waren, wurden die GOLD-Ingolin-Torpedos vom Programm abgesetzt.

Für den Uboottyp XVII B standen jetzt nur noch verkürzte G 7e-Torpedos zur Verfügung.

Der G 5e mit 5437 mm Länge war bereits im Dezember 1942 erprobt worden. Die Schußversuche mit einer 13 T 210-Batterie ergaben eine Laufstrecke von 6000 m/21 kn. Wegen der verringerten Batteriespannung war eine Benutzung des MZ Pi 2-Abstandzünders nicht möglich, und diese langsamen Torpedos hätten nur mit Aufschlagzündung geschossen werden können. Das war alles sehr unbefriedigend.

Es wurde deshalb versucht, diese Nachteile durch eine Erhöhung der Batteriekapazität zu verringern. Zuerst baute man im G 5e die stärkere Batterie 9 T 210 mit 54 Zellen ein, deren Mehrgewicht von 90 kg gegenüber der 13 T 210 Ausführung jedoch zu einer erhebliche Vergrößerung des Untertriebs auf ca. 34% führte. Damit führte die TVA in der Zeit vom 21. März bis zum 25. Juli 1943 21 Versuchsschüsse durch, wobei im Mittel 30 kn bei einer Laufstrecke von 3000 m erreicht wurden.

Bei der weiteren Bearbeitung ging man nun vom T III-Torpedo mit der verbesserten Treibschraube nach Prof. Kort aus, dessen verkürzte Ausführung mit der 9 T 210-Batterie die Bezeichnung T XII erhielt. Als Abstandspistole waren TZ 2 und TZ 3 vorgesehen. Neben dem normalen T III-Öffnungshebel für das Einschießen dieser Torpedos mußte auch noch ein Schaltgerät II für die Typ XVII-Torpedorohre vorhanden sein. Das ballistische Verhalten dieses Torpedos wurde als gut eingestuft.

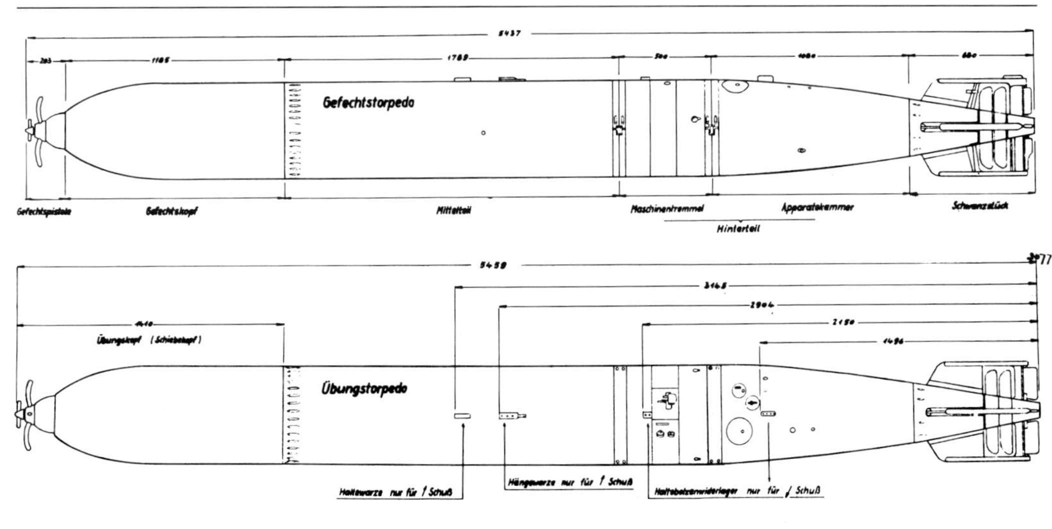

Maßskizze des Torpedos G 5ut GOLDBUTT.

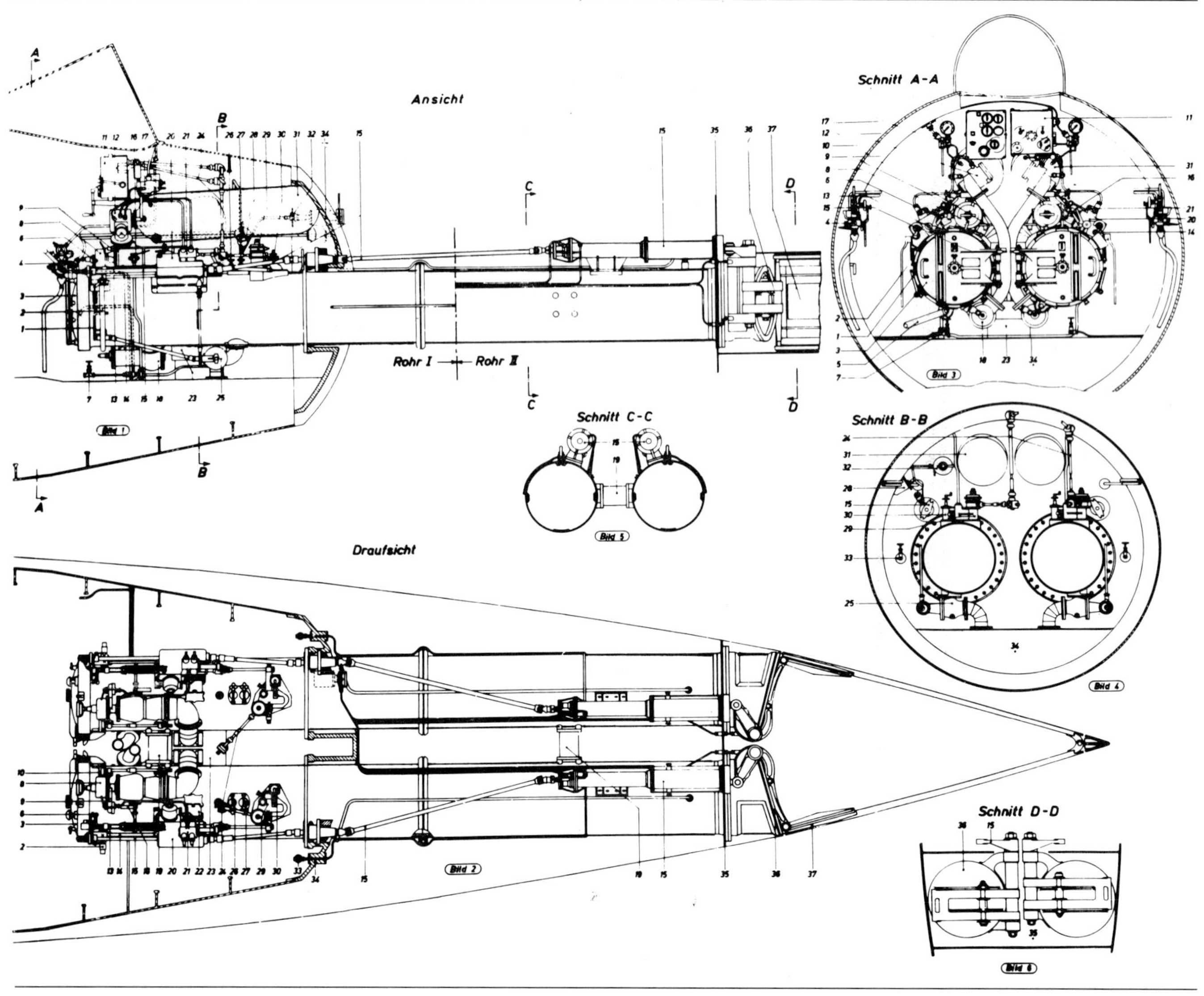

Längs- und Querschnitt der Torpedoanlage von Wa 201 und WK 202.

1 Handhebel für Be- und Entwässerungsventil
2 Spannhebel
3 Bodenverschluß
4 Ausgleicharmatur
5 Handhebel zum Öffnen des Bodenverschlusses
6 Loshebel
7 Leckwasserventil für Ausstoßrohr
8 Entlüftungsventil
9 Wechselhahn
10 Handgriff für Notverschlußklappe
11 GA-Einstellgerät
12 Ausstoßventil
13 Abzugsgestänge
14 Verblockungsgestänge
15 Mündungsklappenantrieb
16 Druckausgleichhahn
17 Füllventil zur Luftausstoßpatrone
18 Druckminderventil
19 Rohrsatzverbindung
20 Elektromagnetischer Abzug
21 Abzugsventil
22 Abschalter des E-Abzugs
23 Spritzwasserschutz
24 GA-Stellzeugantrieb
25 Be- und Entwässerungsventil
26 Verschluß der Belüftungsöffnung für G 5e
27 Verschluß der Heizsteckeröffnung für G 5e
28 Fettpresse
29 GA-Stellzeug, Halte- und Öffnungsbolzen
30 Tiefenstellzeug
31 Luftausstoßpatrone
32 Fettverteiler
33 Leckwasserventil für Spindelgehäuse
34 Druckboden
35 Stützschott
36 Mündungsklappe
37 Verkleidungsklappe

Anfang 1945 waren für die Erprobung und den Übungsbetrieb zwanzig T XII-Torpedos bei der TVA in Bau oder bereits fertiggestellt. Für den Einsatz des Uboottyps XVIIB waren weitere 135 T XII beim Torpedo-Arsenal Mitte im Auftrag. Von ihnen sollten ab Januar 1945 monatlich 20 Torpedos ausgeliefert werden. Das Hauptproblem waren die kriegsbedingten Schwierigkeiten bei dem Batteriehersteller AFA-Hagen. Vermutlich sind deshalb nur noch wenige zusätzliche T XII-Torpedos abgeliefert worden.

Auch bei der Torpedorohranlage der Typ XVII-Uboote war eine Neuerung vorgesehen. Erstmals wurde bei ihnen eine Luftausstoßeinrichtung eingebaut. Bei ihr dosierte eine Ausstoßautomatik die Luftmenge derart, daß nur die für den Ausstoß benötigte Luft in das Rohr strömte. Der Torpedo dichtete beim Austritt vorn das Rohr ab, so daß die Luft hinter ihm blieb. Nach dem Ausstoß wurde sie dann bis auf einige kleinere Luftblasen von dem einströmenden Wasser zurück in das Boot gedrückt. Dadurch konnten die Rohre leichter und kürzer als bisher ausgeführt werden, eine für die kleinen Walter-Uboote wichtige Eigenschaft. Die in der 7 m-Ausführung auch für den großen Walter-Uboottyp XVIII vorgesehenen Luftausstoßrohre wurden dann beim Uboottyp XXI eingebaut.

Modelle vom Uboottyp XVII B

1:100-Holzmodell des Uboottyps XVII B. Es ist schwimm-, jedoch nicht tauchfähig und wird mit einem E-Motor angetrieben. Es wurde 1970 von E. Rössler nach den damals verfügbaren Unterlagen hergestellt, um die Wirkung des Seitenruders zu prüfen.

1:30-Modell von U 1406 des Schiffsmodellbauers Johann Sauer aus Jamestown, USA, das er 1994 in etwa 130 Stunden aus Glasfasermatten und flüssigem Polyester herstellte. Seine Länge beträgt 138,5 cm und sein Gewicht 11,5 kg. Das Modell ist elektrisch angetrieben und tauchfähig. Es besitzt eine 2 x 12 V-Batterie mit 6,5 Ah Kapazität. Der Tauchvorgang erfolgt folgendermaßen: Das Boot schwimmt auf offener Tauchzelle. Geflutet wird mittels magnetischen Entlüftungsventilen der Firma Festo-Pneumatik. Aufgetaucht wird durch Ausblasen der Tauchzelle mit Hilfe von Preßluft über Festo-Magnetventilregler. Die Preßluft ist in einer Druckflasche von 0,2 l Inhalt mit 170 bar gespeichert. Der Vorrat reicht für 35-40 Tauchvorgänge aus. Das Modell ist fernsteuerbar mit folgenden Funktionen: Seitenruder, Hecktiefenruder, Fahrregelung, Tauchen, Auftauchen.

Zwei Modelle von Walter-Ubboottypen: Rechts XVII B, links XXVI, ebenfalls gebaut von Johann Sauer.

Vier Modelle von Walter-Ubooten auf einem Tisch bei der 3rd National Subregatta in Groton, USA im Sommer 1995. Vorn V 80 von Rainer Gerlach, dahinter U 792 von Lothar Mentz sowie die beiden Modelle von Johann Sauer. Im Vordergrund ein weiteres deutsches Uboot, die FORELLE von Norbert Brüggen.

Diese bisher einmalige Präsentation von vier 1:30-Modellen der wichtigsten Walter-Uboottypen, die alle ihre vorbildgetreue Geschwindigkeit erreichten und dabei gut steuerbar blieben, erzielte bei den anwesenden amerikanischen Modell-Uboot-Fans erhebliches Aufsehen und große Begeisterung.

Konstruktionszeichnungen

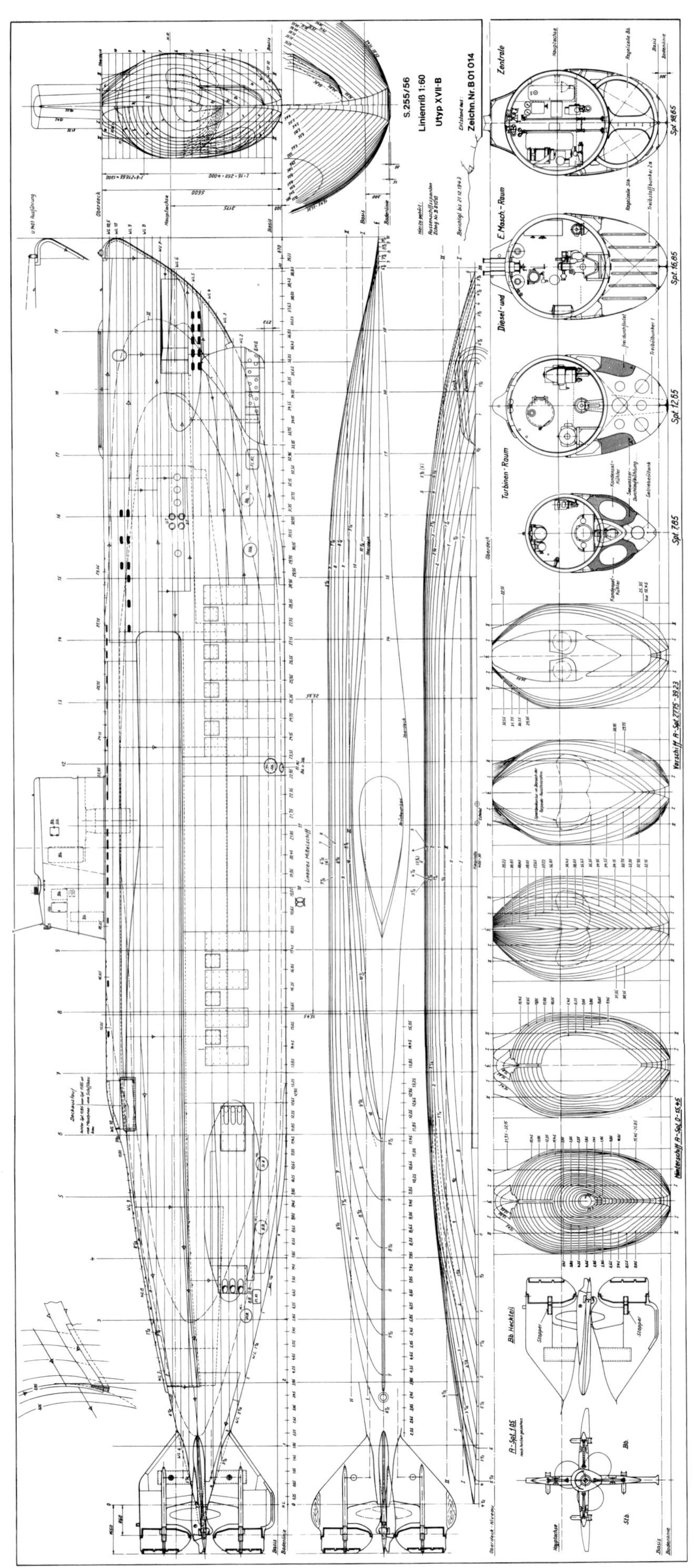

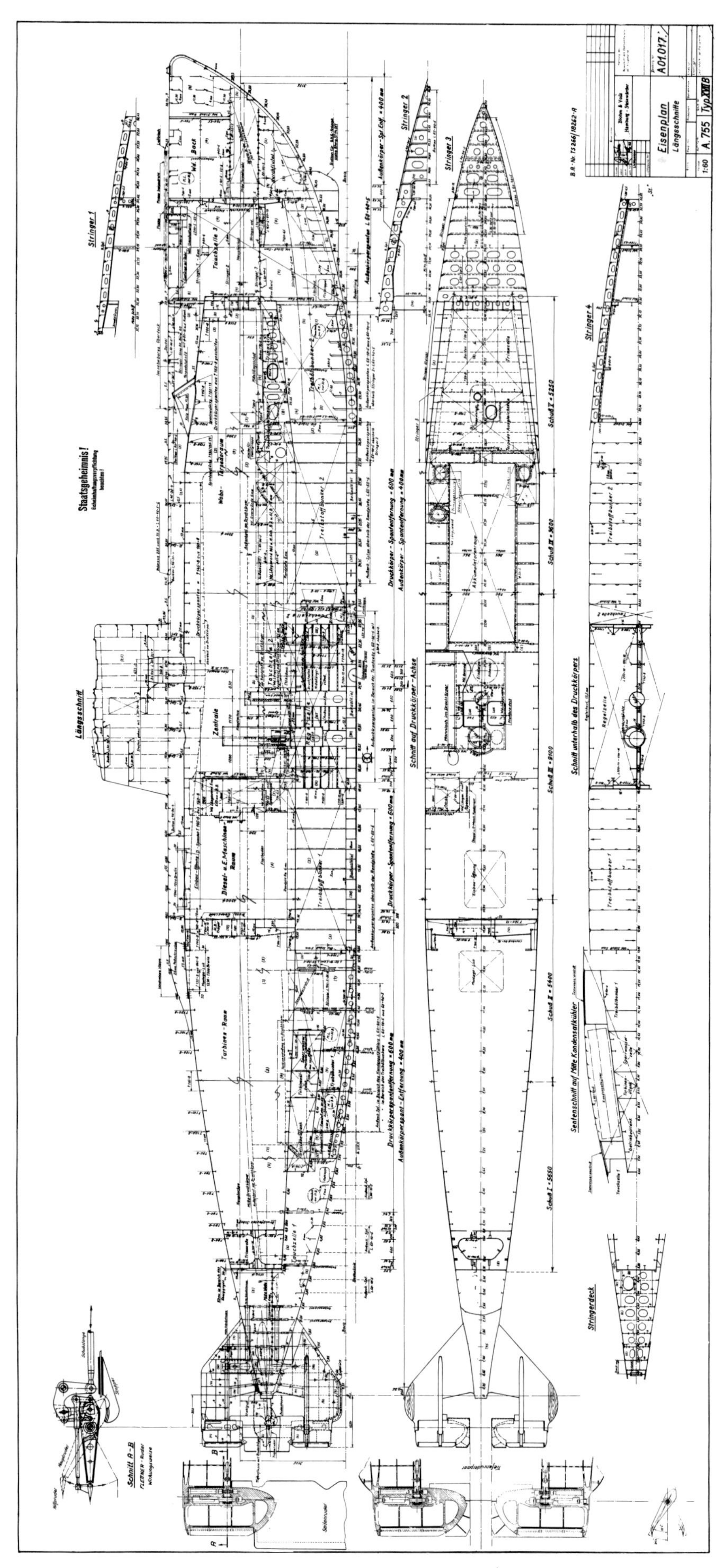
Staatsgeheimnis!
Längsschnitt
Schnitt auf Druckkörper-Achse
Schnitt unterhalb des Druckkörpers
Seitenschnitt auf Mitte Kondensatkühler
Stringer 1
Stringer 2
Stringer 3
Stringer 4
Stringerdeck
Schnitt A-B
Eisenplan
Längsschnitte
A01.017./
1:60
A.755
Typ XVII B

Schiff 255 - 266 **U - 1405 bis U - 1416**

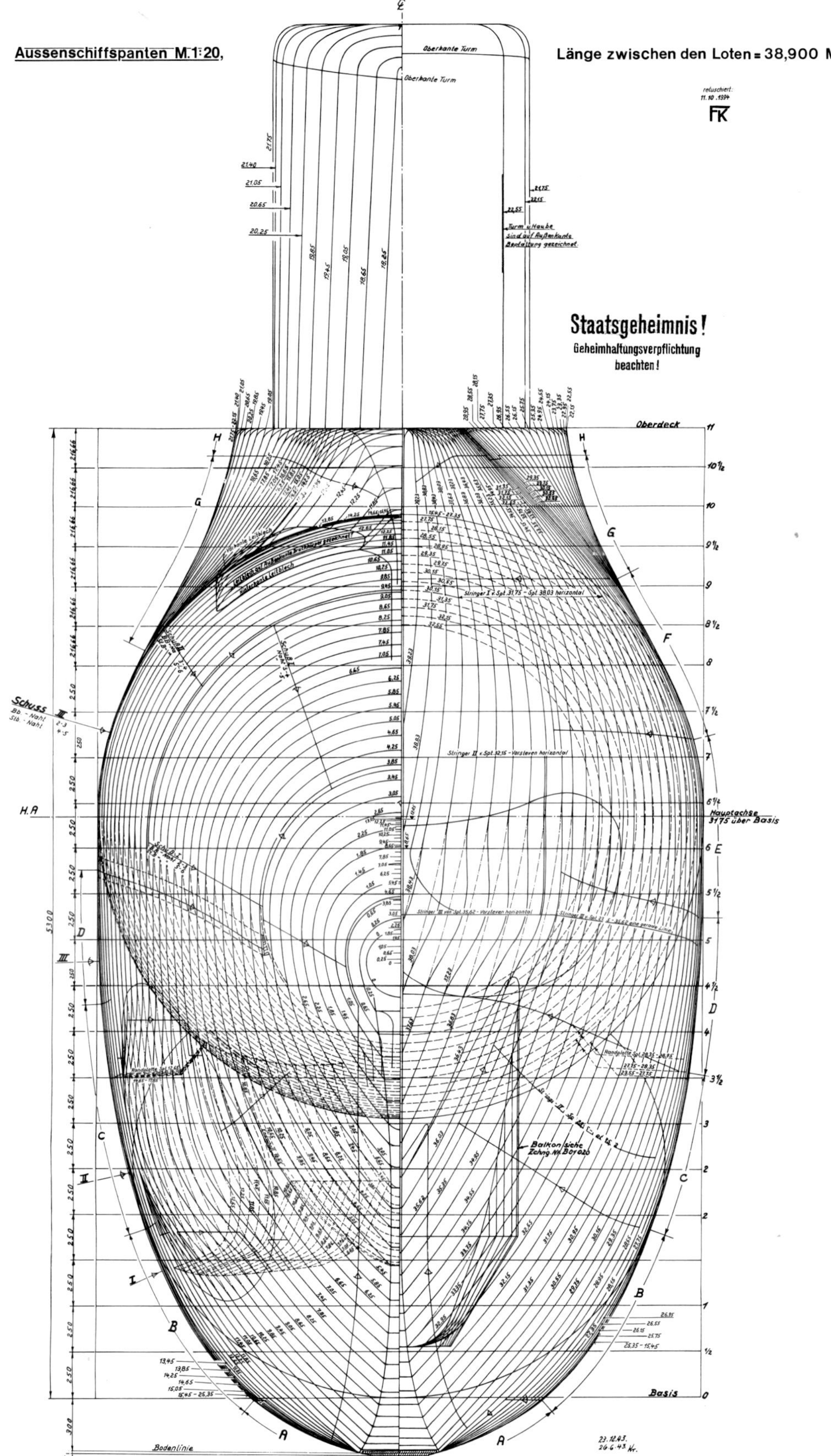

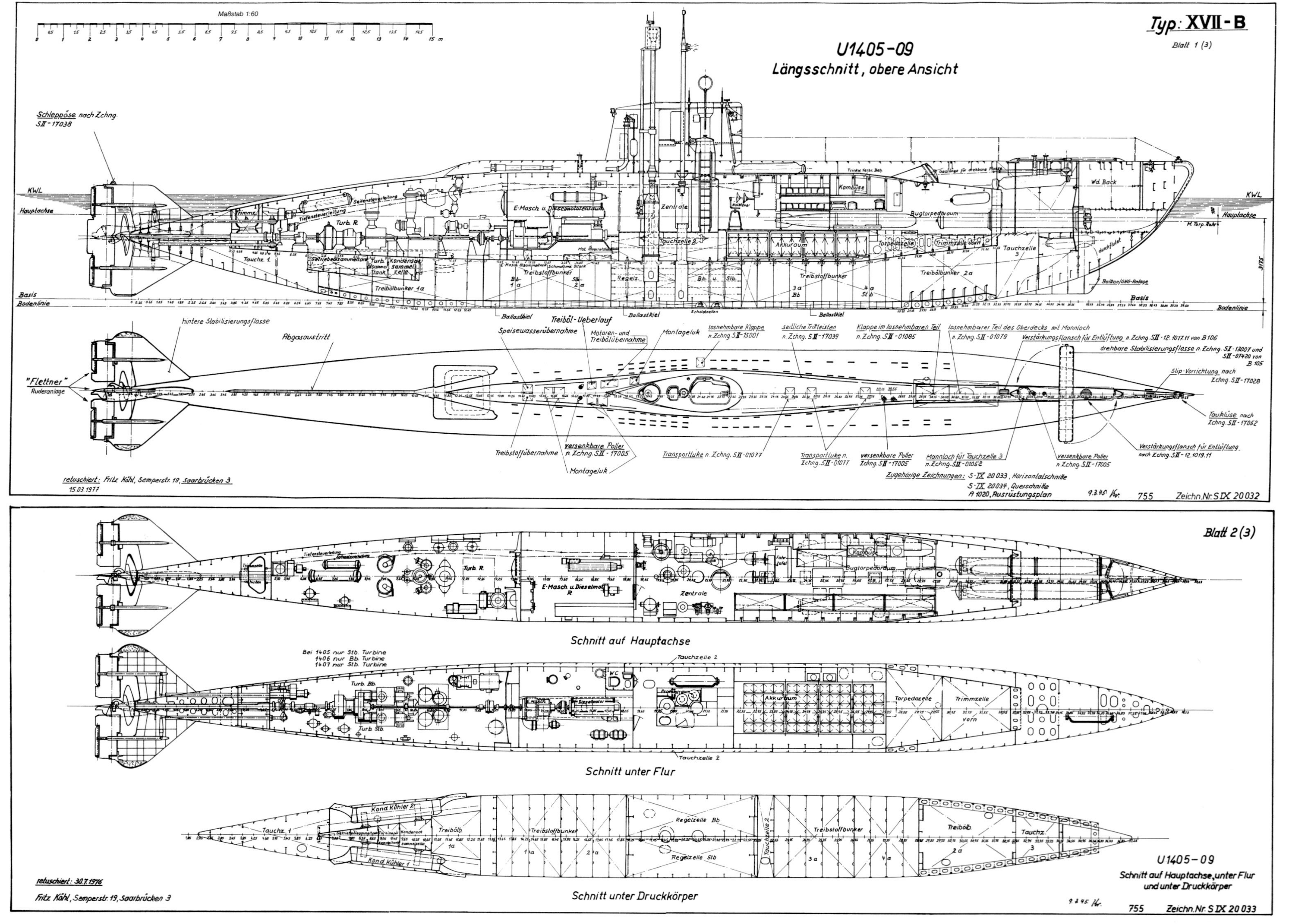
Maßstab 1:60
Typ: XVII-B
Blatt 1 (3)
U1405-09
Längsschnitt, obere Ansicht
Schleppöse nach Zchng. SII-17038
KWL
Hauptachse
Basis
Bodenlinie
E-Masch. u. Dieselmotorenraum
Zentrale
Tauchzelle 2
Akkuraum
Bugtorpedoraum
Kombüse
Wd. Back
Torpedozelle
Trimmzelle vorn
Tauchzelle 3
Turb. R.
Tauchz. 1.
Treibölbunker 1a
Treibstoffbunker
Treibölbunker 2a
Regelz.
Ballastkiel
Treiböl-Ueberlauf
Speisewasserübernahme
Motoren- und Treibölübernahme
Montageluk
losnehmbare Klappe n. Zchng. SII-15001
seitliche Trittleisten n. Zchng. SII-17039
Klappe im losnehmbaren Teil n. Zchng. SII-01085
losnehmbarer Teil des Oberdecks mit Mannloch n. Zchng. SII-01079
Verstärkungsflansch für Entlüftung n. Zchng. SII-12.1017.11 von B 106
drehbare Stabilisierungsflosse n. Zchng. SII-13007 und SII-07420 von B 105
Slip-Vorrichtung nach Zchng. SII-17028
hintere Stabilisierungsflosse
Abgasaustritt
"Flettner" Ruderanlage
Tauklüse nach Zchng. SII-17052
Verstärkungsflansch für Entlüftung nach Zchng. SII-12.1019.11
Treibstoffübernahme
versenkbare Poller n. Zchng. SII-17005
Transportluke n. Zchng. SII-01077
Transportluke n. Zchng. SII-01077
versenkbare Poller Zchng. SII-17005
Mannloch für Tauchzelle 3 n. Zchng. SII-01052
versenkbare Poller n. Zchng. SII-17005
Montageluk
Zugehörige Zeichnungen: S-IX 20033, Horizontalschnitte
S-IX 20034, Querschnitte
A 1020, Ausrüstungsplan
retuschiert: Fritz Köhl, Semperstr. 19, Saarbrücken 3
15.03.1977
755
Zeichn.Nr. S IX 20032
Blatt 2 (3)
Schnitt auf Hauptachse
Bei 1405 nur Stb. Turbine
1406 nur Bb. Turbine
1407 nur Stb. Turbine
Tauchzelle 2
Schnitt unter Flur
Kond. Kühler 2
Kond. Kühler 1
Tauchz. 1
Treibölb.
Treibstoffbunker
Regelzelle Bb
Regelzelle Stb
Tauchz.
Schnitt unter Druckkörper
U1405-09
Schnitt auf Hauptachse, unter Flur und unter Druckkörper
retuschiert: 30.7.1976
Fritz Köhl, Semperstr. 19, Saarbrücken 3
755
Zeichn.Nr. S IX 20033

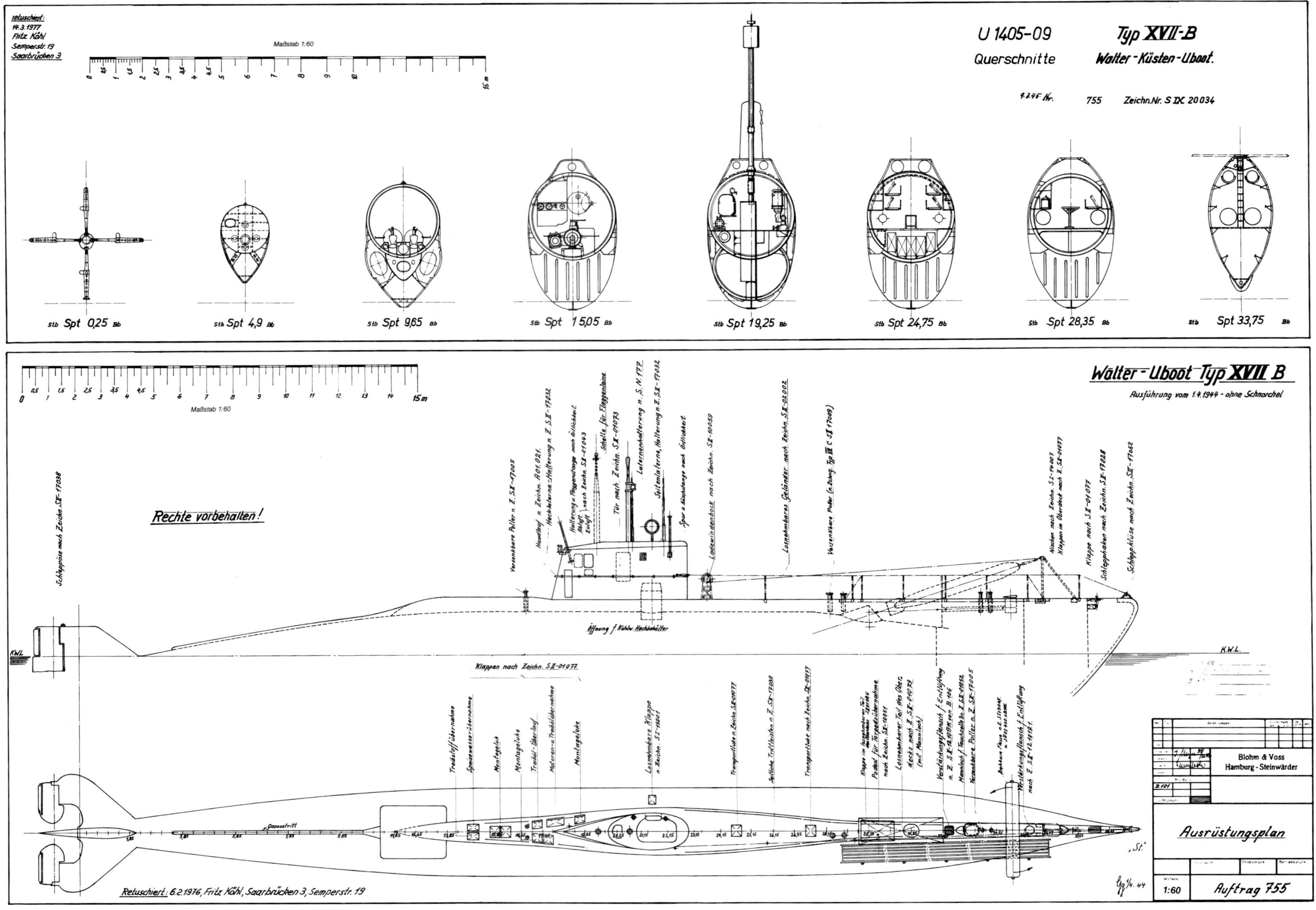

retuschiert:
14.3.1977
Fritz Kähl
Semperstr. 19
Saarbrücken 3
Maßstab 1:60
U 1405-09
Querschnitte
Typ XVII-B
Walter-Küsten-Uboot.
755
Zeichn.Nr. S IX 20034
Stb Spt 0,25 Bb
Stb Spt 4,9 Bb
Stb Spt 9,65 Bb
Stb Spt 15,05 Bb
Stb Spt 19,25 Bb
Stb Spt 24,75 Bb
Stb Spt 28,35 Bb
Stb Spt 33,75 Bb
Walter-Uboot Typ XVII B
Ausführung vom 1.4.1944 - ohne Schnorchel
Maßstab 1:60
Rechte vorbehalten!
K.W.L.
Klappen nach Zeichn. S II-01077
Blohm & Voss
Hamburg-Steinwärder
Ausrüstungsplan
1:60
Auftrag 755
Retuschiert: 6.2.1976, Fritz Kähl, Saarbrücken 3, Semperstr. 19

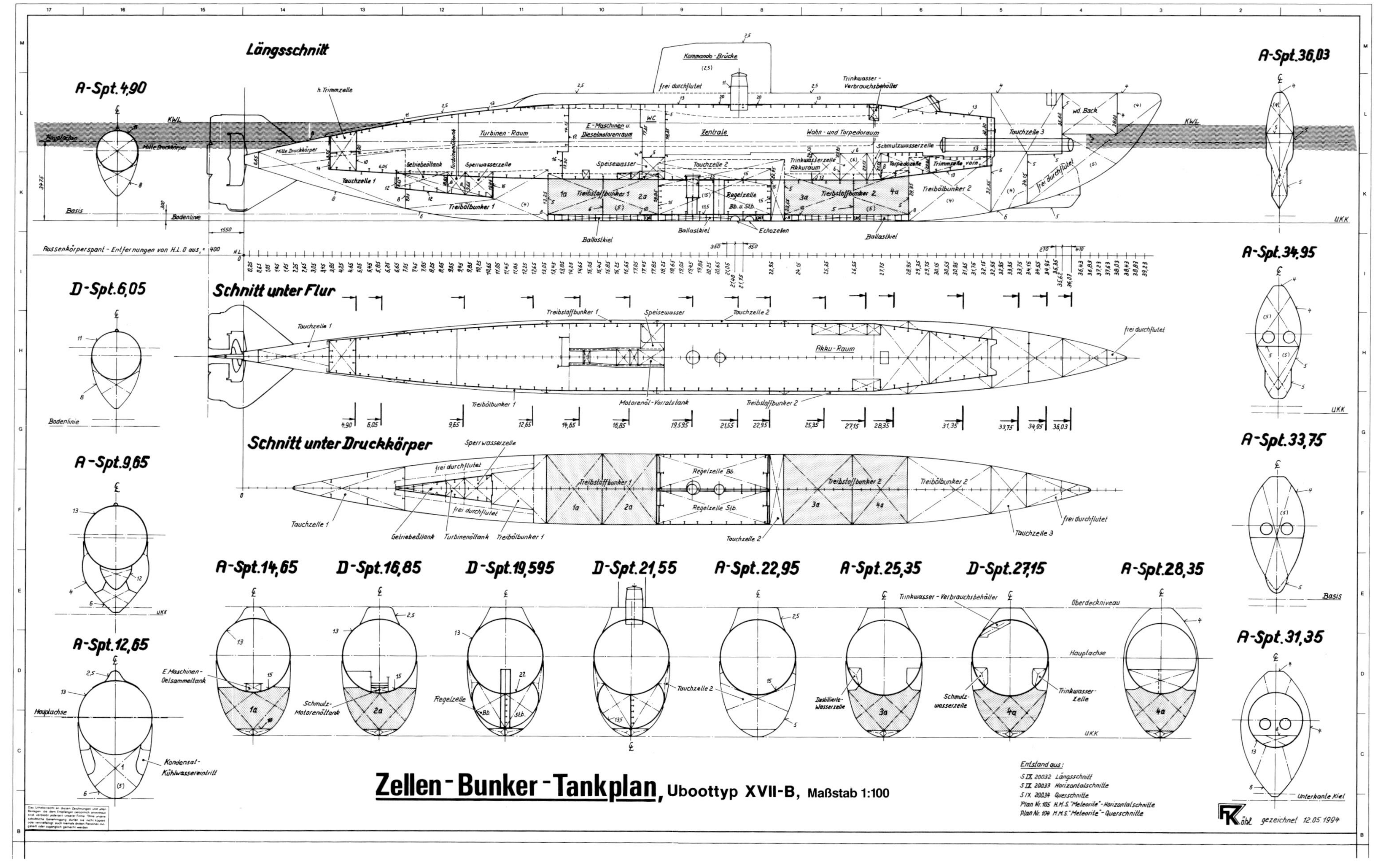
Längsschnitt
Schnitt unter Flur
Schnitt unter Druckkörper
A-Spt. 4,90
D-Spt. 6,05
A-Spt. 9,65
A-Spt. 12,65
A-Spt. 14,65
D-Spt. 16,85
D-Spt. 19,595
D-Spt. 21,55
A-Spt. 22,95
A-Spt. 25,35
D-Spt. 27,15
A-Spt. 28,35
A-Spt. 31,35
A-Spt. 33,75
A-Spt. 34,95
A-Spt. 36,03
Kommando-Brücke
Turbinen-Raum
E-Maschinen u. Dieselmotorenraum
Zentrale
Wohn- und Torpedoraum
Akku-Raum
Treibstoffbunker 1
Treibstoffbunker 2
Regelzelle Bb.
Regelzelle Stb.
Tauchzelle 1
Tauchzelle 2
Tauchzelle 3
frei durchflutet
Entstand aus:
S IX 20032 Längsschnitt
S IX 20033 Horizontalschnitte
S IX 20034 Querschnitte
Plan Nr. 105 H.M.S. "Meteorite" - Horizontalschnitte
Plan Nr. 104 H.M.S. "Meteorite" - Querschnitte
gezeichnet 12.05.1994
Zellen-Bunker-Tankplan, Uboottyp XVII-B, Maßstab 1:100

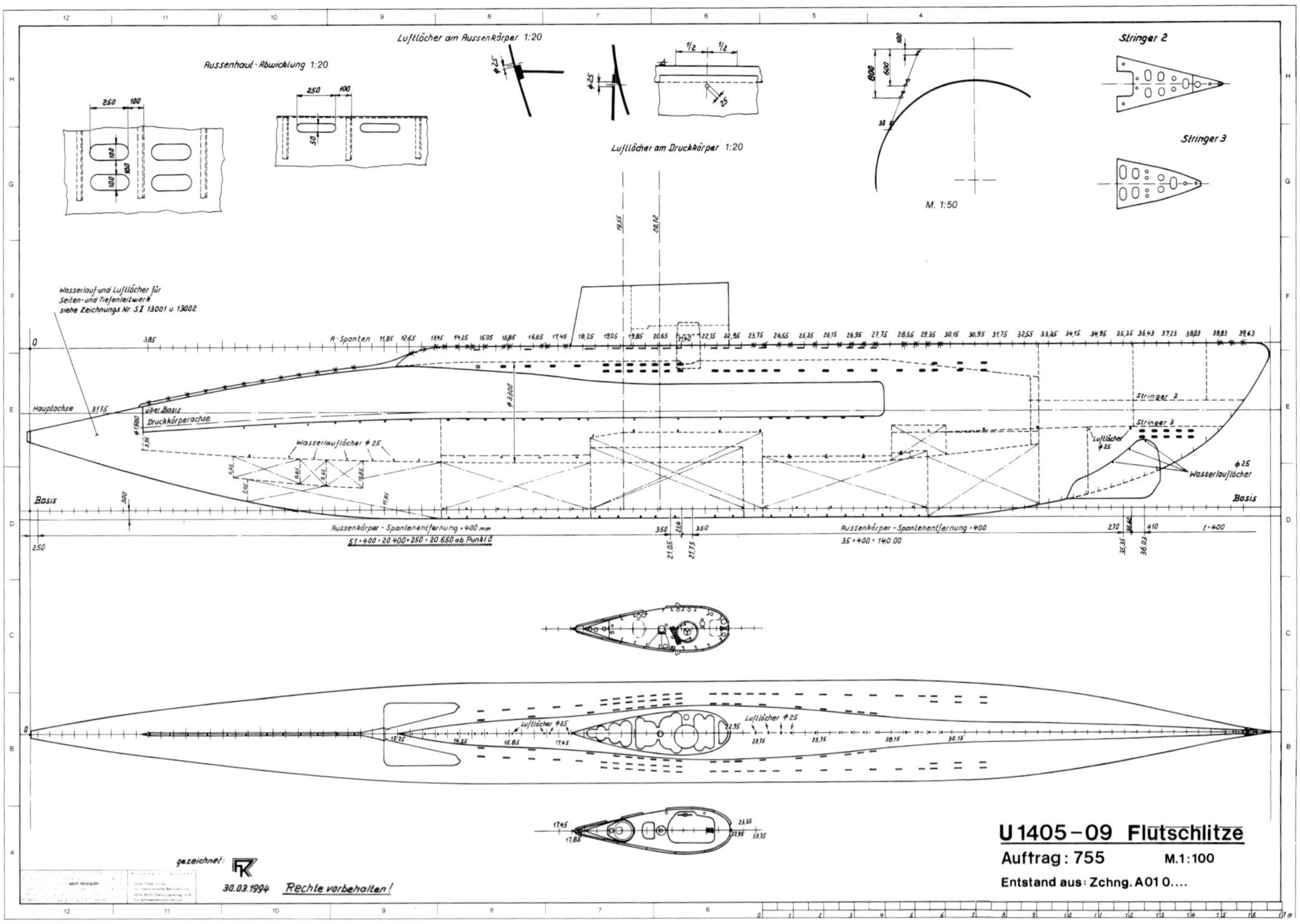

Luftlöcher am Aussenkörper 1:20

Aussenhaut-Abwicklung 1:20

Luftlöcher am Druckkörper 1:20

Stringer 2

Stringer 3

M. 1:50

Wasserlauf-und Luftlöcher für Seiten-und Tiefenleitwerk siehe Zeichnungs Nr. SI 13001 u. 13002

Hauptachse

Druckkörperachse

Wasserlauflöcher ⌀ 25

Basis

Aussenkörper - Spantenentfernung = 400 mm

Luftlöcher ⌀ 25

U 1405-09 Flutschlitze

Auftrag: 755 M.1:100

Entstand aus: Zchng. A01 0....

gezeichnet: FK 30.03.1994

Rechte vorbehalten!

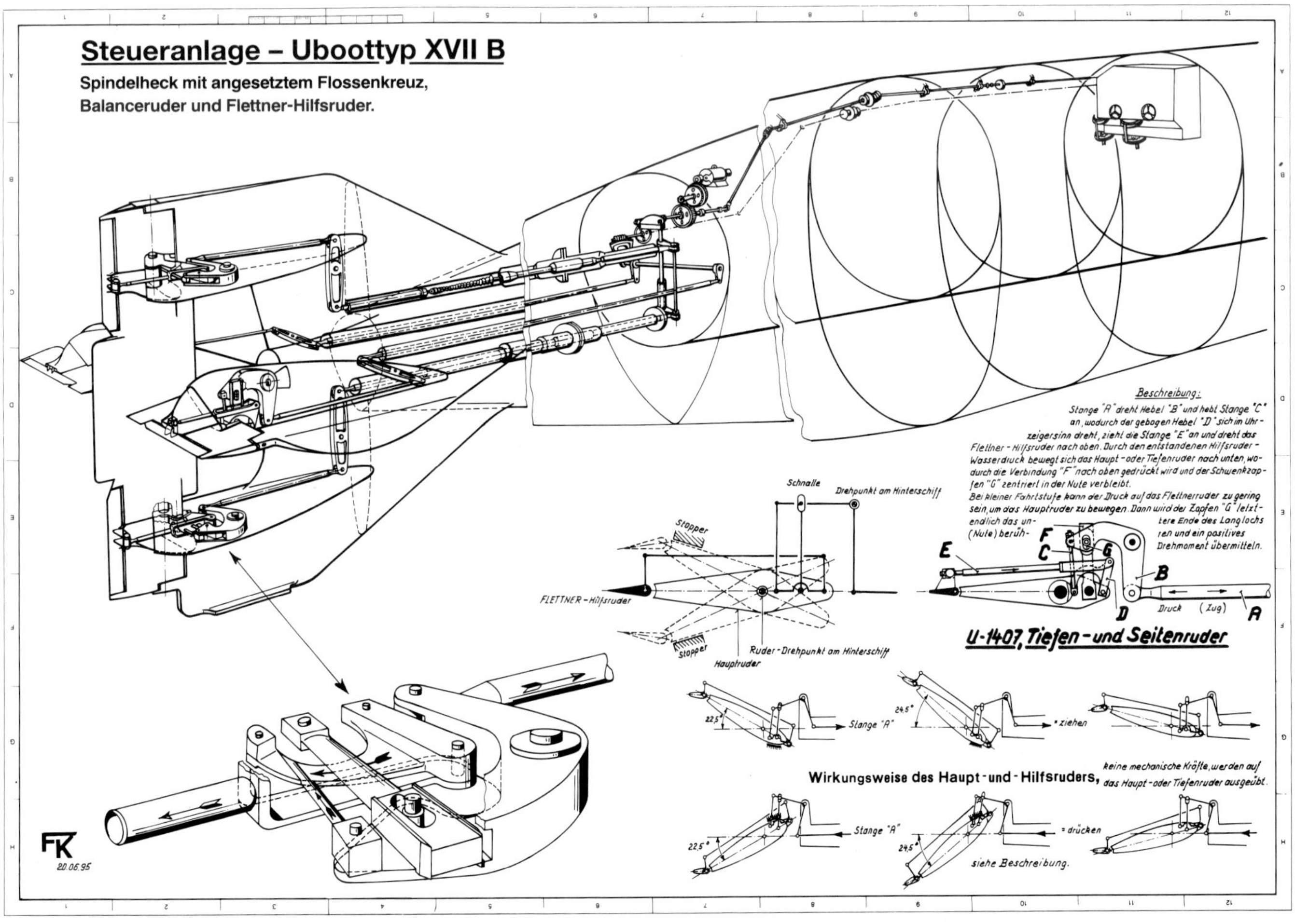

Steueranlage – Uboottyp XVII B

Spindelheck mit angesetztem Flossenkreuz, Balanceruder und Flettner-Hilfsruder.

Beschreibung:

Stange "A" dreht Hebel "B" und hebt Stange "C" an, wodurch der gebogen Hebel "D" sich im Uhrzeigersinn dreht, zieht die Stange "E" an und dreht das Flettner-Hilfsruder nach oben. Durch den entstandenen Hilfsruder-Wasserdruck bewegt sich das Haupt-oder Tiefenruder nach unten, wodurch die Verbindung "F" nach oben gedrückt wird und der Schwenkzapfen "G" zentriert in der Nute verbleibt.

Bei kleiner Fahrtstufe kann der Druck auf das Flettnerruder zu gering sein, um das Hauptruder zu bewegen. Dann wird der Zapfen "G" letztendlich das untere Ende des Langlochs (Nute) berühren und ein positives Drehmoment übermitteln.

Schnalle

Drehpunkt am Hinterschiff

Stopper

FLETTNER-Hilfsruder

Ruder-Drehpunkt am Hinterschiff

Hauptruder

Druck (Zug)

U-1407, Tiefen-und Seitenruder

Stange "A" = ziehen

Wirkungsweise des Haupt-und-Hilfsruders, keine mechanische Kräfte, werden auf das Haupt-oder Tiefenruder ausgeübt.

Stange "A" = drücken

siehe Beschreibung.

FK 20.06.95

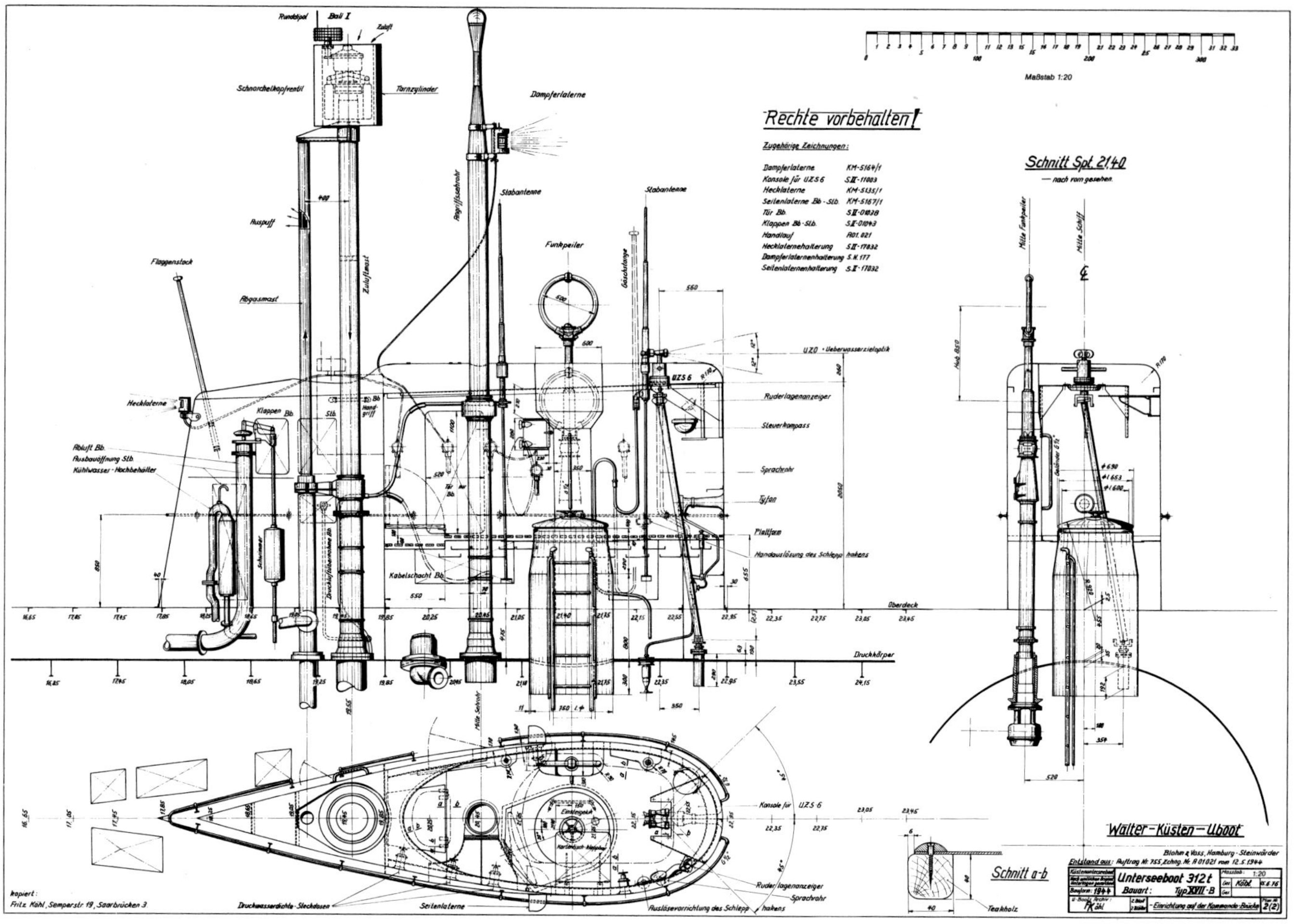

Maßstab 1:20

Rechte vorbehalten!

Zugehörige Zeichnungen:

Dampferlaterne	KM-5164/1
Konsole für U.Z.S.6	S.II-11003
Hecklaterne	KM-5135/1
Seitenlaterne Bb.-Stb.	KM-5167/1
Tür Bb.	S.II-01038
Klappen Bb.-Stb.	S.II-01043
Handlauf	A01.021
Hecklaternehalterung	S.II-17032
Dampferlaternenhalterung	S.K.177
Seitenlaternenhalterung	S.II-17032

Schnitt Spt. 21,40 — nach vorn gesehen

Schnorchelkopfventil · Tarnzylinder · Dampferlaterne · Angriffssehrohr · Stabantenne · Funkpeiler · Auspuff · Flaggenstock · Abgasmast · Zuluftmast · Hecklaterne · Klappen Bb. · Stb. · Handgriff · Abluft Bb. · Ausbauöffnung Stb. · Kühlwasser-Hochbehälter · Kabelschacht Bb. · U.Z.O. = Ueberwasserzieloptik · Ruderlagenanzeiger · Steuerkompass · Sprachrohr · Tyfon · Pfeifton · Handauslösung des Schlepphakens · Oberdeck · Druckkörper · Konsole für U.Z.S.6 · Seitenlaterne · Druckwasserdichte Steckdosen · Auslösevorrichtung des Schlepphakens

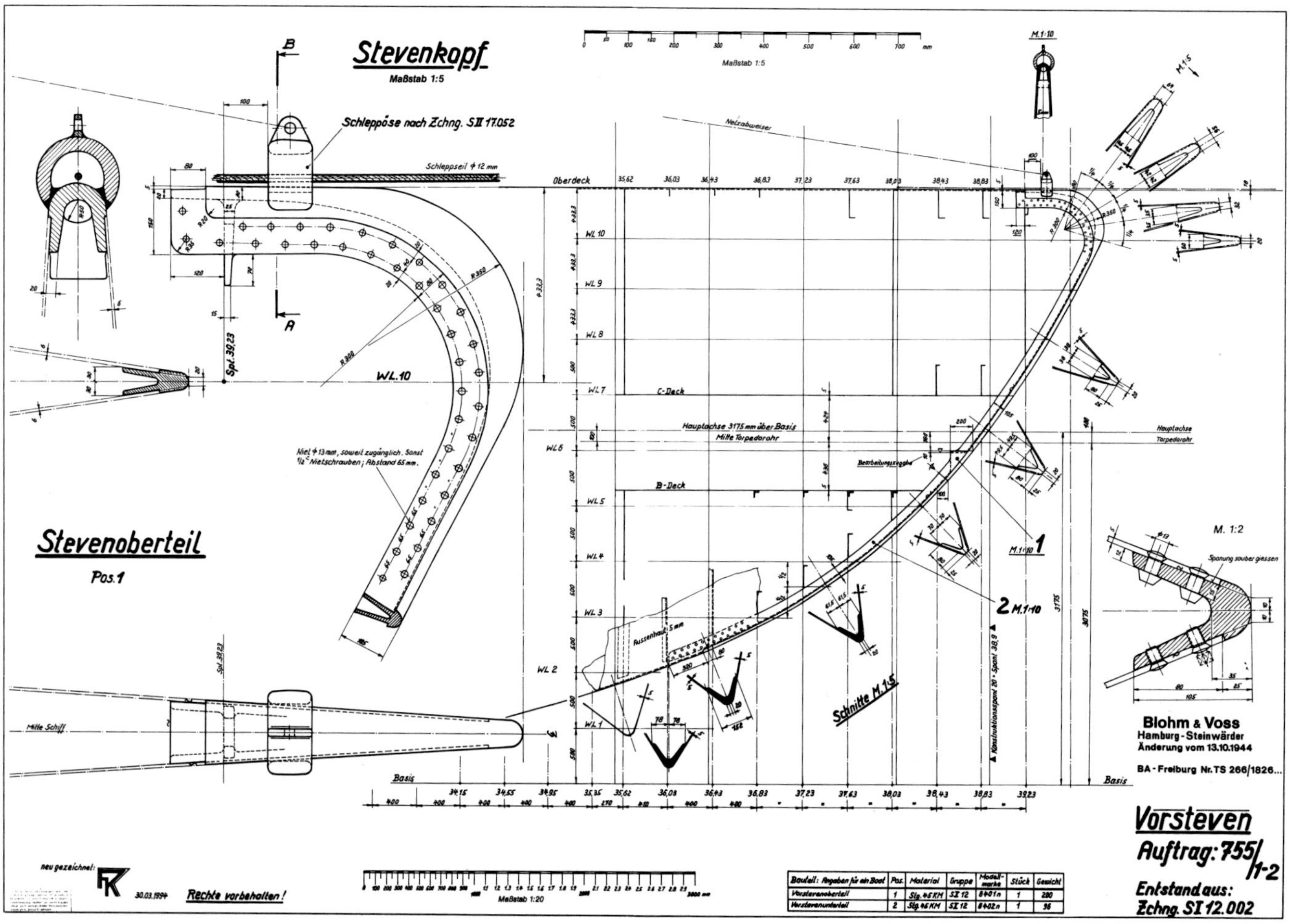

Schnitt a-b · Teakholz

kopiert: Fritz Köhl, Semperstr. 19, Saarbrücken 3

Walter-Küsten-Uboot

Blohm & Voss, Hamburg-Steinwärder

Entstand aus: Auftrag Nr. 755, Zchng. Nr. A 01021 vom 12.5.1944

Unterseeboot 312 t · Bauart: Typ XVII-B · Baujahr: 1944 · Maßstab: 1:20 · Gez. Köhl 15.6.76 · U-Boots-Archiv: FK Köhl · 2 Blatt · Einrichtung auf der Kommando-Brücke · 2(2)

Stevenkopf

Maßstab 1:5

Schleppöse nach Zchng. S II 17.052

Schleppseil ∅ 12 mm

Niet ∅ 13 mm, soweit zugänglich. Sonst ½" Nietschrauben; Abstand 65 mm.

Stevenoberteil

Pos. 1

Oberdeck · WL 10 · WL 9 · WL 8 · WL 7 · C-Deck · Hauptachse 3175 mm über Basis · Mitte Torpedorohr · WL 6 · B-Deck · WL 5 · WL 4 · WL 3 · WL 2 · WL 1 · Basis · Mitte Schiff · Netzabweiser · Außenhaut 5 mm

M. 1:10 · M. 1:5 · M. 1:2 · Schnitte M. 1:5

Blohm & Voss
Hamburg-Steinwärder
Änderung vom 13.10.1944

BA-Freiburg Nr. TS 266/1826...

neu gezeichnet: FK 30.03.1994 Rechte vorbehalten!

Maßstab 1:20

Bauteil: Angaben für ein Boot	Pos.	Material	Gruppe	Modellmarke	Stück	Gewicht
Vorstevenoberteil	1	Stg. 45 KM	S I 12	8401n	1	200
Vorstevenunterteil	2	Stg. 45 KM	S I 12	8402n	1	36

Vorsteven

Auftrag: 755/1-2

Entstand aus: Zchng. S I 12.002

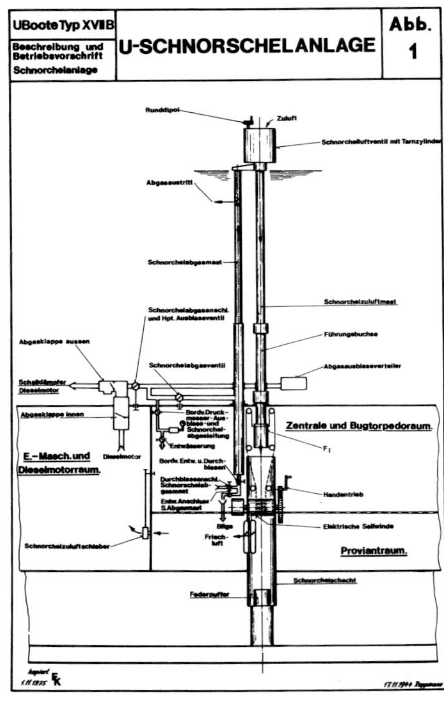

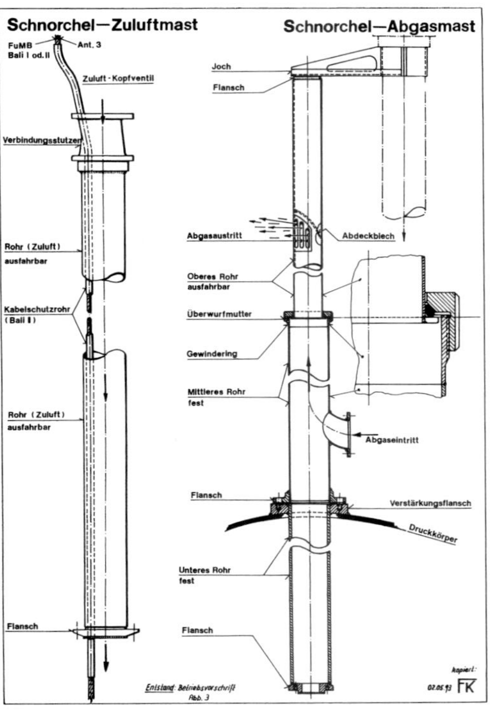

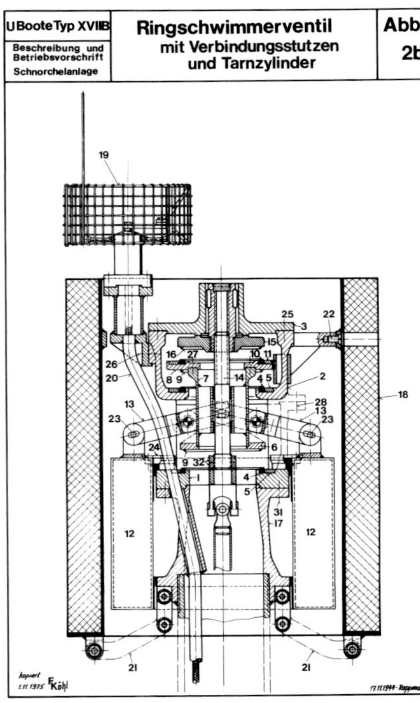

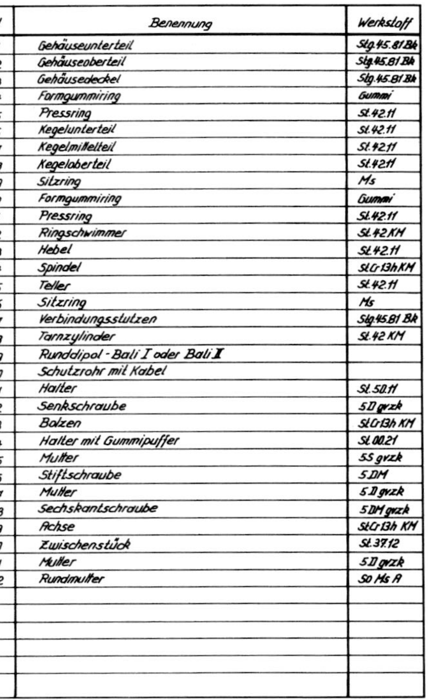

Teil	Benennung	Werkstoff
1	Gehäuseunterteil	Stg.45.81 Bk
2	Gehäuseoberteil	Stg.45.81 Bk
3	Gehäusedeckel	Stg.45.81 Bk
4	Formgummiring	Gummi
5	Pressring	St.42.11
6	Kegelunterteil	St.42.11
7	Kegelmittelteil	St.42.11
8	Kegeloberteil	St.42.11
9	Sitzring	Ms
10	Formgummiring	Gummi
11	Pressring	St.42.11
12	Ringschwimmer	St.42 KM
13	Hebel	St.42.11
14	Spindel	St.Cr.13h KM
15	Teller	St.42.11
16	Sitzring	Ms
17	Verbindungsstutzen	Stg.45.81 Bk
18	Tarnzylinder	St.42 KM
19	Runddipol - Bali I oder Bali II	
20	Schutzrohr mit Kabel	
21	Halter	St.50.11
22	Senkschraube	5 D gvzk
23	Bolzen	St.Cr.13h KM
24	Halter mit Gummipuffer	St.00.21
25	Mutter	5 S gvzk
26	Stiftschraube	5 DM
27	Mutter	5 D gvzk
28	Sechskantschraube	5 DM gvzk
29	Achse	St.Cr.13h KM
30	Zwischenstück	St.37.12
31	Mutter	5 D gvzk
32	Rundmutter	So Ms A

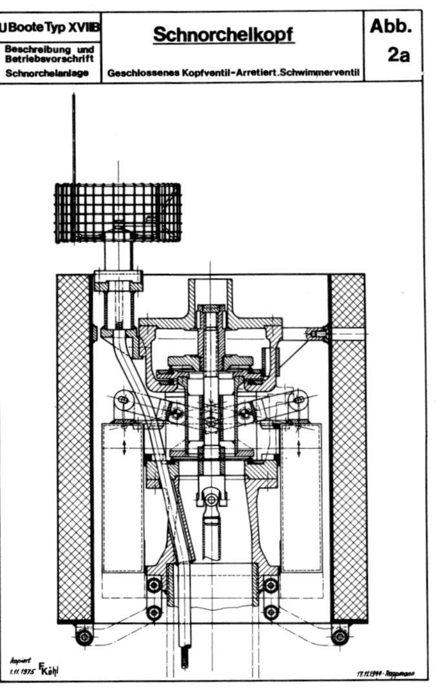

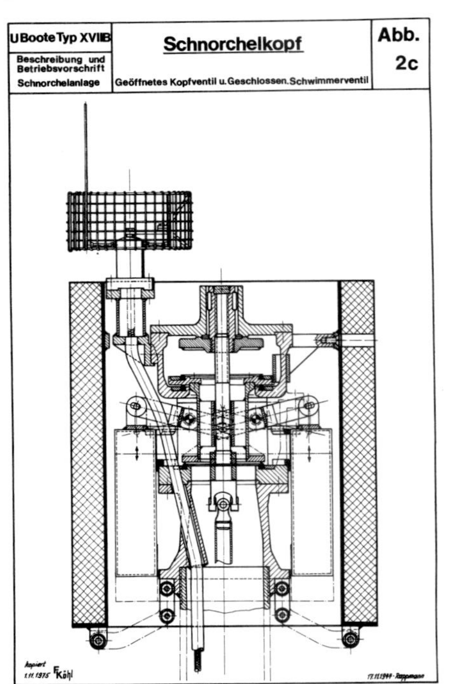

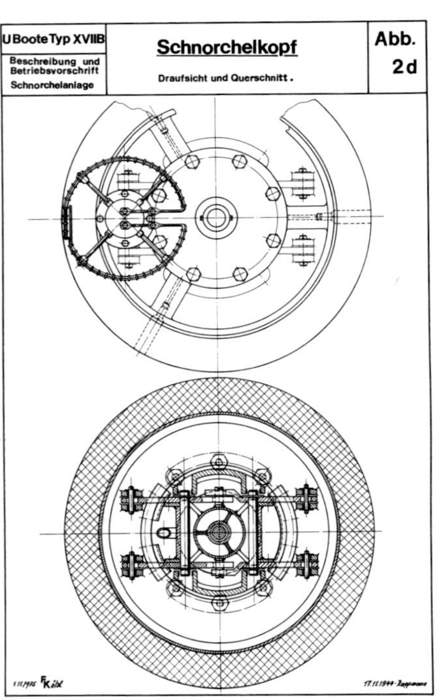

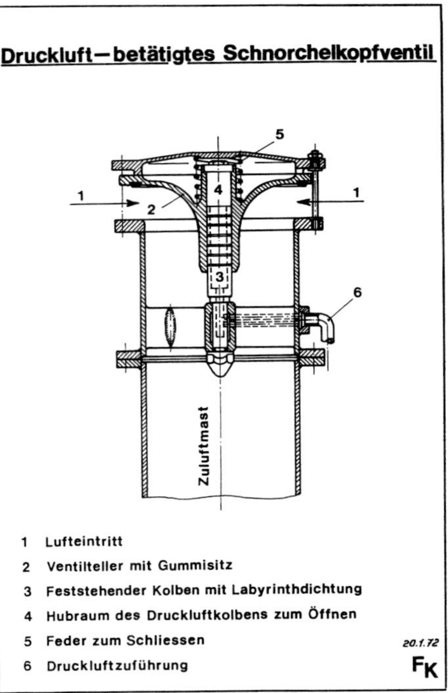

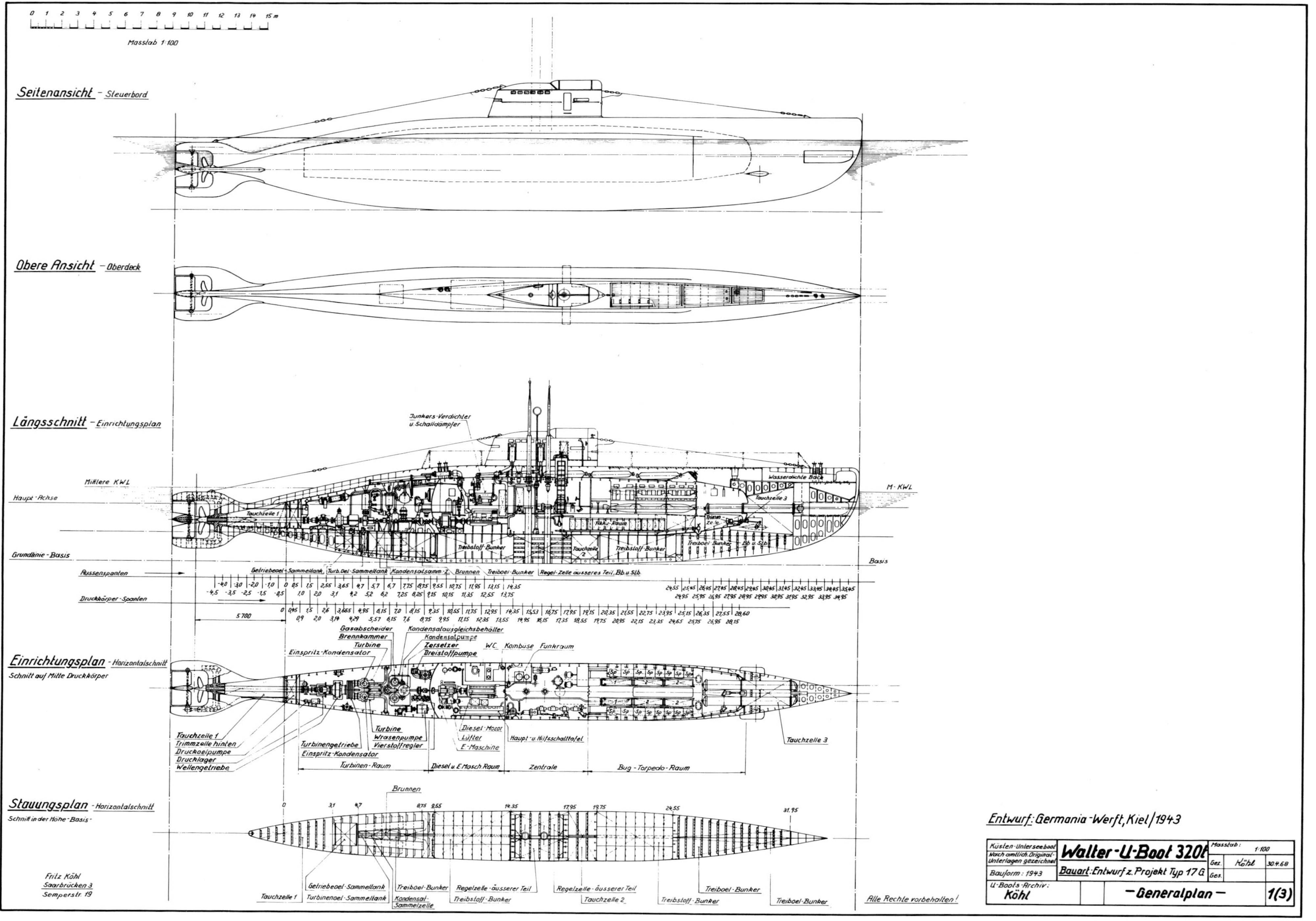
Masstab 1:100
Seitenansicht - Steuerbord
Obere Ansicht - Oberdeck
Längsschnitt - Einrichtungsplan
Junkers-Verdichter u. Schalldämpfer
Mittlere KWL
Haupt-Achse
Grundlinie - Basis
Aussenspanten
Druckkörper-Spanten
M-KWL
Basis
Wasserdichte Back
Tauchzelle 1
Tauchzelle 3
Treibstoff-Bunker
Einrichtungsplan - Horizontalschnitt
Schnitt auf Mitte Druckkörper
Gasabscheider
Brennkammer
Turbine
Einspritz-Kondensator
Kondensatausgleichsbehälter
Kondensatpumpe
Zersetzer
Breistoffpumpe
WC
Kombuse
Funkraum
Tauchzelle 1
Trimmzelle hinten
Druckoelpumpe
Drucklager
Wellengetriebe
Turbinengetriebe
Einspritz-Kondensator
Turbine
Wrasenpumpe
Vierstoffregler
Diesel-Motor
Lüfter
E-Maschine
Haupt-u. Hilfsschalttafel
Tauchzelle 3
Turbinen-Raum
Diesel u. E-Masch.Raum
Zentrale
Bug-Torpedo-Raum
Stauungsplan - Horizontalschnitt
Schnitt in der Höhe "Basis"
Brunnen
Tauchzelle 1
Getriebeoel-Sammeltank
Turbinenoel-Sammeltank
Treiboel-Bunker
Kondensat-Sammelzelle
Regelzelle-äusserer Teil
Treibstoff-Bunker
Tauchzelle 2
Fritz Köhl
Saarbrücken 3
Semperstr. 19
Alle Rechte vorbehalten!
Entwurf: Germania-Werft, Kiel/1943
Küsten-Unterseeboot
Nach amtlich. Original-Unterlagen gezeichnet
Walter-U-Boot 320t
Bauform: 1943
Bauart: Entwurf z. Projekt Typ 17 G
U-Boots-Archiv: Köhl
Masstab: 1:100
Gez. Köhl 30.4.68
Ges.
- Generalplan -
1(3)

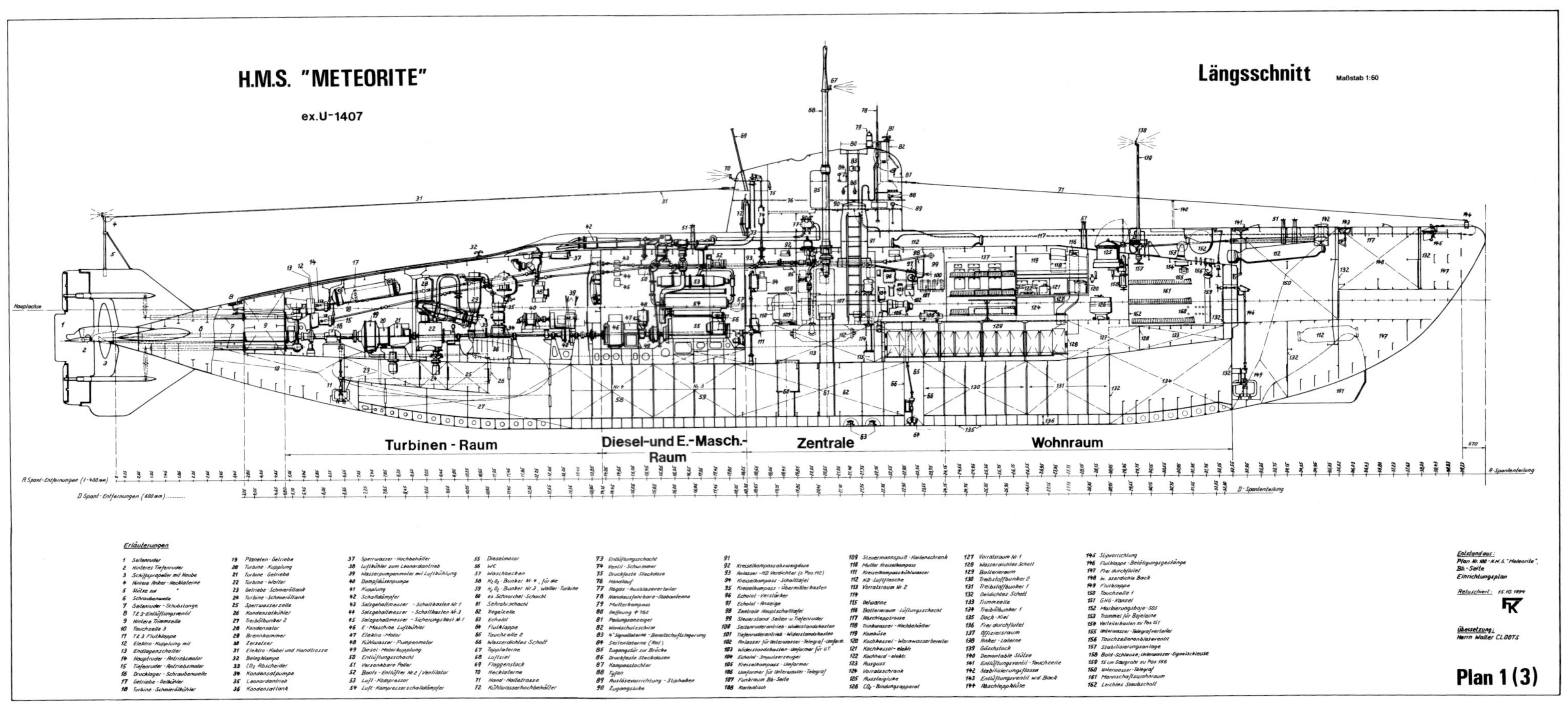
H.M.S. "METEORITE"
ex. U-1407
Längsschnitt
Maßstab 1:60
Turbinen - Raum
Diesel-und E.-Masch.-Raum
Zentrale
Wohnraum
H.-Spant-Entfernungen (1·400 mm)
D-Spant-Entfernungen (600 mm)
H-Spantenteilung
D-Spantenteilung
Erläuterungen
1 Seitenruder
2 Hinteres Tiefenruder
3 Schiffspropeller mit Haube
4 Hintere Anker-Hecklaterne
5 Stütze zur
6 Schraubenwelle
7 Seitenruder-Schubstange
8 TZ 3-Entlüftungsventil
9 Hintere Trimmzelle
10 Tauchzelle 3
11 TZ 3 Flutklappe
12 Elektro-Kupplung mit
13 Endlagenschalter
14 Hauptruder-Antriebsmotor
15 Tiefenruder-Antriebsmotor
16 Drucklager-Schraubenwelle
17 Getriebe-Oelkühler
18 Turbine-Schmierölkühler
19 Planeten-Getriebe
20 Turbine-Kupplung
21 Turbine-Getriebe
22 Turbine-Walter
23 Getriebe-Schmieröltank
24 Turbine-Schmieröltank
25 Sperrwasserzelle
26 Kondensatkühler
27 Treibölbunker 2
28 Kondensator
29 Brennkammer
30 Zersetzer
31 Elektro-Kabel und Handtrosse
32 Belegklampe
33 CO_2 Abscheider
34 Kondensatpumpe
35 Leonardantrieb
36 Kondensattank
37 Sperrwasser-Hochbehälter
38 Luftkühler zum Leonardantrieb
39 Wasserpumpenmotor mit Luftkühlung
40 Dampfdüsenpumpe
41 Kupplung
42 Schalldämpfer
43 Salzgehaltmesser - Schaltkasten Nr. 1
44 Salzgehaltmesser - Schaltkasten Nr. 3
45 Salzgehaltmesser - Sicherungskast. Nr. 1
46 E-Maschine Luftkühler
47 Elektro-Motor
48 Kühlwasser-Pumpenmotor
49 Diesel-Motorkupplung
50 Entlüftungsschacht
51 Versenkbare Poller
52 Boots-Entlüfter Nr. 2 / Ventilator
53 Luft-Kompressor
54 Luft-Kompressorschalldämpfer
55 Dieselmotor
56 WC
57 Waschbecken
58 H_2O_2-Bunker Nr. 4, für die
59 H_2O_2-Bunker Nr. 3, Walter-Turbine
60 ex. Schnorchel-Schacht
61 Sehrohrschacht
62 Regelzelle
63 Echolot
64 Flutklappe
65 Tauchzelle 2
66 Wasserdichtes Schott
67 Topplaterne
68 Luftziel
69 Flaggenstock
70 Hecklaterne
71 Hand-Haltetrosse
72 Kühlwasserhochbehälter
73 Entlüftungsschacht
74 Ventil-Schwimmer
75 Druckfeste Steckdose
76 Handlauf
77 Abgas-Ausblaseverteiler
78 Handausfahrbare-Stabantenne
79 Mutterkompass
80 Oeffnung ⌀ 762
81 Peilungsanzeiger
82 Windschutzschirm
83 4" Signallaterne - Bereitschaftslagerung
84 Seitenlaterne (Rot)
85 Zugangstür zur Brücke
86 Druckfeste Steckdosen
87 Kompasstochter
88 Tyfon
89 Auslösevorrichtung - Sliphaken
90 Zugangsluke
91
92 Kreiselkompassabzweigdose
93 Anlasser-HD Verdichter (s. Pos. 112)
94 Kreiselkompass-Schalttafel
95 Kreiselkompass-Übermittlerkasten
96 Echolot-Verstärker
97 Echolot-Anzeige
98 Zentrale Hauptschalttafel
99 Steuerstand Seiten-u. Tiefenruder
100 Seitenruderantrieb-Widerstandskasten
101 Tiefenruderantrieb-Widerstandskasten
102 Anlasser für Unterwasser-Telegraf-Umform.
103 Widerstandskasten-Umformer für U.T.
104 Echolot-Impulserzeuger
105 Kreiselkompass-Umformer
106 Umformer für Unterwasser-Telegraf
107 Funkraum Bb-Seite
108 Kartentisch
109 Steuermannspult-Kartenschrank
110 Mutter Kreiselkompass
111 Kreiselkompasskühlwasser
112 HD-Luftflasche
113 Vorratsraum Nr. 2
114
115 Oelwanne
116 Batterieraum-Lüftungsschacht
117 Abschlepptrosse
118 Trinkwasser-Hochbehälter
119 Kombüse
120 Kochkessel-Warmwasserbereiter
121 Kochkessel-elektr.
122 Kochherd-elektr.
123 Ausguss
124 Vorratsschrank
125 Aussteigluke
126 CO_2-Bindungsapparat
127 Vorratsraum Nr. 1
128 Wasserdichtes Schott
129 Batterieraum
130 Treibstoffbunker 2
131 Treibstoffbunker 1
132 Oeldichtes Schott
133 Trimmzelle
134 Treibölbunker 1
135 Dock-Kiel
136 Frei durchflutet
137 Offiziersraum
138 Anker-Laterne
139 Göschstock
140 Demontable Stütze
141 Entlüftungsventil-Tauchzelle
142 Stabilisierungsflosse
143 Entlüftungsventil w.d. Back
144 Abschleppklüse
145 Slipvorrichtung
146 Flutklappe-Betätigungsgestänge
147 Frei durchflutet
148 W. sserdichte Back
149 Flutklappe
150 Tauchzelle 1
151 GHG-Kanzel
152 Markierungsboje-SOS
153 Trommel für Bojeleine
154 Verteilerkasten zu Pos. 151
155 Unterwasser-Telegrafverteiler
156 Tauchzellenanblaseventil
157 Stabilisierungsanlage
158 Bold-Schleuse; Unterwasser-Signalschleuse
159 15 cm Saugrohr zu Pos. 156
160 Unterwasser-Telegraf
161 Mannschaftswohnraum
162 Leichtes Staubschott
Entstand aus:
Plan Nr. 100-H.M.S. "Meteorite",
Bb.-Seite
Einrichtungsplan
Retuschiert: 15.10.1994
FK
Übersetzung:
Herrn Walter CLOOTS
Plan 1 (3)

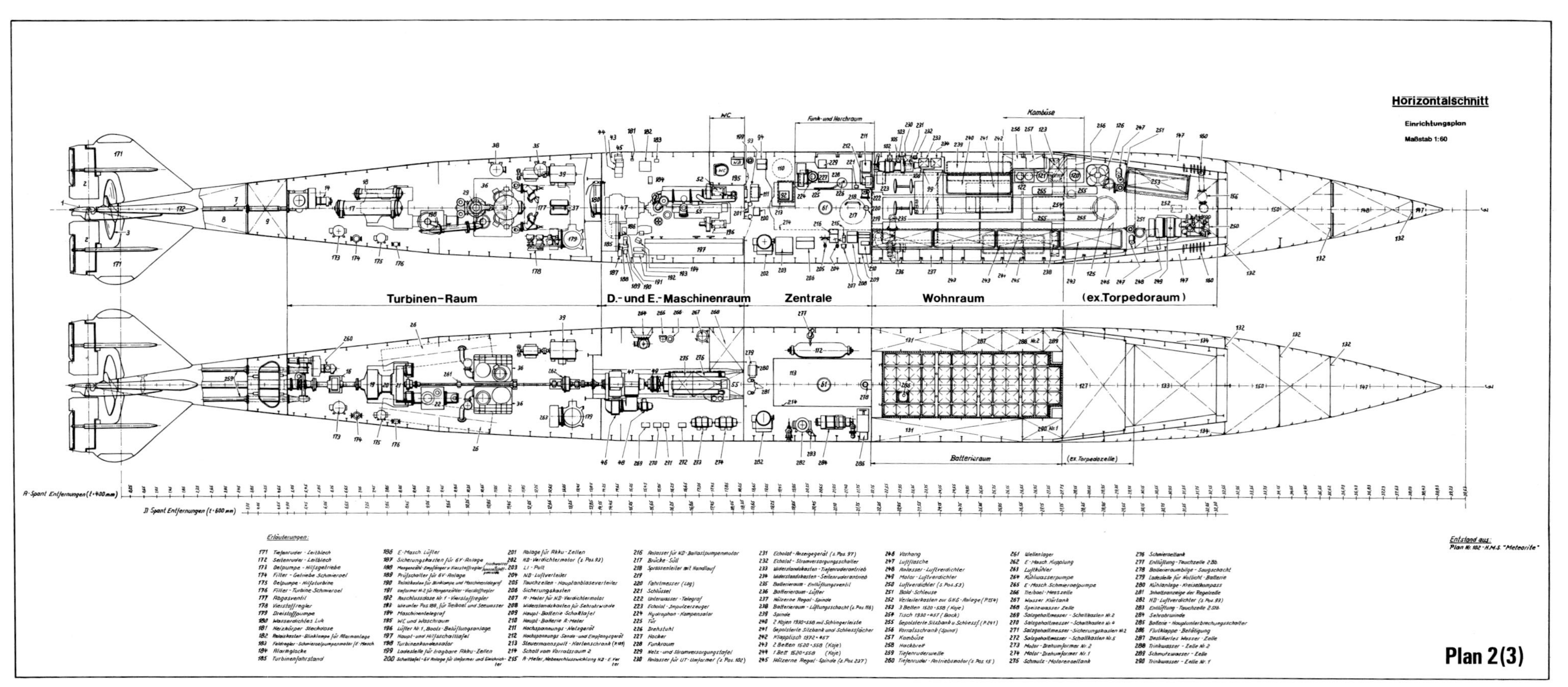
Horizontalschnitt
Einrichtungsplan
Maßstab 1:60
Kombüse
Funk- und Horchraum
WC
Turbinen-Raum
D.- und E.- Maschinenraum
Zentrale
Wohnraum
(ex.Torpedoraum)
Batterieraum
(ex.Torpedozelle)
R-Spant Entfernungen (1·400 mm)
D-Spant Entfernungen (1·600 mm)
Erläuterungen:
171 Tiefenruder - Leitblech
172 Seitenruder - Leitblech
173 Oelpumpe - Hilfsgetriebe
174 Filter - Getriebe Schmieroel
175 Oelpumpe - Hilfsturbine
176 Filter - Turbine Schmieroel
177 Abgasventil
178 Vierstoffregler
179 Dreistoffpumpe
180 Wasserdichtes Luk
181 Heizkörper Steckdose
182 Relaiskasten - Blinklampe für Alarmanlage
183 Feldregler - Schmieroelpumpenmotor / E-Masch
184 Alarmglocke
185 Turbinenfahrstand
186 E-Masch. Lüfter
187 Sicherungskasten für 6V-Anlage
188 Mengenzähl-Empfänger v. Vierstoffregler
189 Prüfschalter für 6V-Anlage
190 Relaiskasten für Blinklampe und Maschinentelegraf
191 Umformer Nr. 2 für Mengenzähler - Vierstoffregler
192 Anschlussdose Nr. 1 - Vierstoffregler
193 Wie unter Pos. 188, für Treiboel und Seewasser
194 Maschinentelegraf
195 WC und Waschraum
196 Lüfter Nr. 1, Boots-Belüftungsanlage
197 Haupt- und Hilfsschalttafel
198 Turbinenkondensator
199 Ladestelle für tragbare Akku-Zellen
200 Schalttafel - 6V Anlage für Umformer und Gleichrichter
201 Ablage für Akku-Zellen
202 HD-Verdichtermotor (s. Pos. 93)
203 LI - Pult
204 ND - Luftverteiler
205 Tauchzellen - Hauptanblaseverteiler
206 Sicherungskasten
207 A-Meter für ND-Verdichtermotor
208 Widerstandskasten für Sehrohrwinde
209 Haupt-Batterie Schalttafel
210 Haupt-Batterie A-Meter
211 Hochspannungs-Netzgerät
212 Hochspannungs Sende- und Empfangsgerät
213 Steuermannspult - Kartenschrank (P. 101)
214 Schott vom Vorratsraum 2
215 A-Meter, Nebenschlusswicklung ND-E.Verter
216 Anlasser für ND-Ballastpumpenmotor
217 Brücke - Süll
218 Sprossenleiter mit Handlauf
219
220 Fahrtmesser (Log)
221 Schlüssel
222 Unterwasser-Telegraf
223 Echolot - Impulzerzeuger
224 Hydrophon - Kompensator
225 Tür
226 Drehstuhl
227 Hocker
228 Funkraum
229 Netz- und Stromversorgungstafel
230 Anlasser für UT-Umformer (s. Pos. 102)
231 Echolot - Anzeigegerät (s. Pos. 97)
232 Echolot - Stromversorgungsschalter
233 Widerstandskasten - Tiefenruderantrieb
234 Widerstandskasten - Seitenruderantrieb
235 Batterieraum - Entlüftungsventil
236 Batterieraum - Lüfter
237 Hölzerne Regal - Spinde
238 Batterieraum - Lüftungsschacht (s. Pos. 116)
239 Spinde
240 2 Kojen 1930·558 mit Schlingerleiste
241 Gepolsterte Sitzbank und Schliessfächer
242 Klapptisch 1372·457
243 2 Betten 1520·558 (Koje)
244 1 Bett 1520·558 (Koje)
245 Hölzerne Regal - Spinde (s. Pos. 237)
246 Vorhang
247 Luftflasche
248 Anlasser - Luftverdichter
249 Motor - Luftverdichter
250 Luftverdichter (s. Pos. 53)
251 Bold - Schleuse
252 Verteilerkasten zur GHG-Anlage (P. 154)
253 3 Betten 1520·558 (Koje)
254 Tisch 1930·457 (Back)
255 Gepolsterte Sitzbank u. Schliessf. (P. 241)
256 Vorratsschrank (Spind)
257 Kombüse
258 Hackbrett
259 Tiefenruderwelle
260 Tiefenruder - Antriebsmotor (s. Pos. 15)
261 Wellenlager
262 E-Masch. Kupplung
263 Luftkühler
264 Kühlwasserpumpe
265 E-Masch. Schmieroelpumpe
266 Treiboel - Messzelle
267 Wasser Klärtank
268 Speisewasser Zelle
269 Salzgehaltmesser - Schaltkasten Nr. 2
270 Salzgehaltmesser - Schaltkasten Nr. 4
271 Salzgehaltmesser - Sicherungskasten Nr. 2
272 Salzgehaltmesser - Schaltkasten Nr. 5
273 Motor - Drehumformer Nr. 2
274 Motor - Drehumformer Nr. 1
275 Schmutz - Motorenoeltank
276 Schmieroeltank
277 Entlüftung - Tauchzelle 2 Bb.
278 Batterieraumbilge - Saugschacht
279 Ladestelle für Notlicht - Batterie
280 Kühlanlage - Kreiselkompass
281 Inhaltsanzeige der Regelzelle
282 HD - Luftverdichter (s. Pos. 93)
283 Entlüftung - Tauchzelle 2 Stb.
284 Sehrohrwinde
285 Batterie - Hauptunterbrechungsschalter
286 Flutklappe - Betätigung
287 Destilliertes Wasser - Zelle
288 Trinkwasser - Zelle Nr. 2
289 Schmutzwasser - Zelle
290 Trinkwasser - Zelle Nr. 1
Entstand aus:
Plan Nr. 102 - H.M.S. "Meteorite"
Plan 2(3)

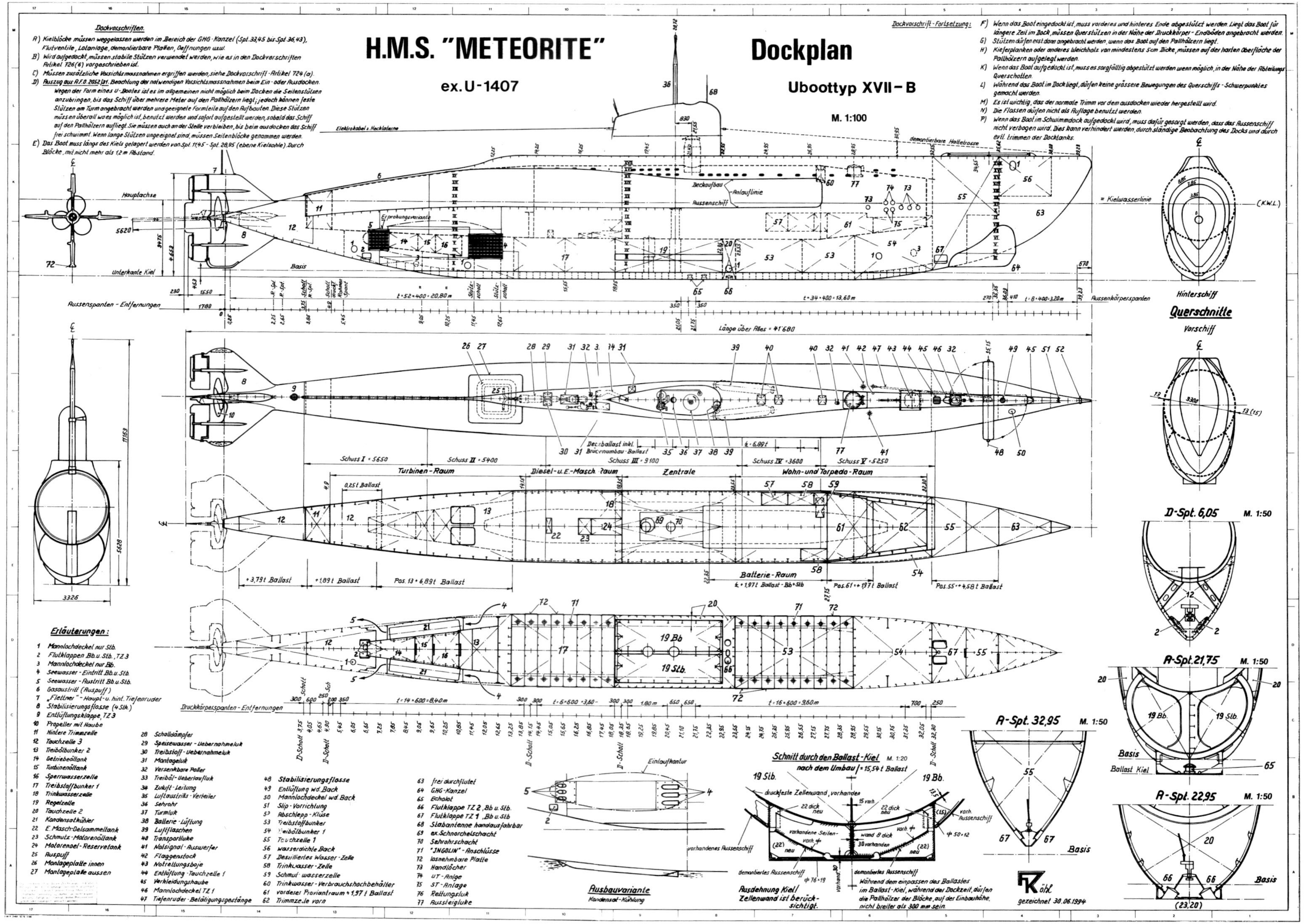
H.M.S. "METEORITE"
ex. U-1407
Dockplan
Ubootstyp XVII-B
M. 1:100
Dockvorschriften.
A) Kielblöcke müssen weggelassen werden im Bereich der GHG-Kanzel (Spt. 33,45 bis Spt. 36,43), Flutventile, Lotanlage, demontierbare Platten, Oeffnungen usw.
B) Wird aufgedockt, müssen stabile Stützen verwendet werden, wie es in den Dockvorschriften Artikel 726(6) vorgeschrieben ist.
C) Müssen zusätzliche Vorsichtsmassnahmen ergriffen werden, siehe Dockvorschrift-Artikel 724(a).
D) Auszug aus A.F.O. 2052/31. Beachtung der notwendigen Vorsichtsmassnahmen beim Ein- oder Ausdocken. Wegen der Form eines U-Bootes ist es im allgemeinen nicht möglich beim Docken die Seitenstützen anzubringen, bis das Schiff über mehrere Meter auf den Pallhölzern liegt; jedoch können feste Stützen am Turm angebracht werden und geeignete Formteile auf den Aufbauten. Diese Stützen müssen überall wo es möglich ist, benutzt werden und sofort aufgestellt werden, sobald das Schiff auf den Pallhölzern aufliegt. Sie müssen auch an der Stelle verbleiben, bis beim ausdocken das Schiff frei schwimmt. Wenn lange Stützen ungeeignet sind, müssen Seitenblöcke genommen werden.
E) Das Boot muss längs des Kiels gelagert werden von Spt. 11,45 - Spt. 28,95 (ebene Kielsohle). Durch Blöcke, mit nicht mehr als 1,2 m Abstand.
Dockvorschrift - Fortsetzung:
F) Wenn das Boot eingedockt ist, muss vorderes und hinteres Ende abgestützt werden. Liegt das Boot für längere Zeit im Dock, müssen Querstützen in der Nähe der Druckkörper-Endböden angebracht werden.
G) Stützen dürfen erst dann angebracht werden, wenn das Boot auf den Pallhölzern liegt.
H) Kiefernplanken oder anderes Weichholz von mindestens 5 cm Dicke, müssen auf der harten Oberfläche der Pallhölzern aufgelegt werden.
K) Wenn das Boot aufgedockt ist, muss es sorgfältig abgestützt werden wenn möglich, in der Nähe der Abteilungs-Querschotten.
L) Während das Boot im Dock liegt, dürfen keine grössere Bewegungen des Querschiffs-Schwerpunktes gemacht werden.
M) Es ist wichtig, dass der normale Trimm vor dem ausdocken wieder hergestellt wird.
N) Die Flossen dürfen nicht als Auflage benutzt werden.
P) Wenn das Boot im Schwimmdock aufgedockt wird, muss dafür gesorgt werden, dass das Aussenschiff nicht verbogen wird. Dies kann verhindert werden, durch ständige Beobachtung des Docks und durch evtl. trimmen der Docktanks.
Länge über Alles = 41'680
Turbinen-Raum
Diesel-u. E.-Masch. Raum
Zentrale
Wohn-und Torpedo-Raum
Batterie-Raum
Querschnitte
Hinterschiff
Vorschiff
D-Spt. 6,05 M. 1:50
A-Spt. 21,75 M. 1:50
A-Spt. 22,95 M. 1:50
A-Spt. 32,95 M. 1:50
Schnitt durch den Ballast-Kiel M. 1:20
nach dem Umbau | = 15,54 t Ballast
Ausdehnung Kiel/ Zellenwand ist berücksichtigt.
Während dem einpassen des Ballastes im Ballast-Kiel, während der Dockzeit, dürfen die Pallhölzer der Blöcke, auf der Einbauhöhe, nicht breiter als 300 mm sein.
Ausbauvariante
Kondensat-Kühlung
Erläuterungen:
1 Mannlochdeckel nur Stb.
2 Flutklappen Bb.u.Stb., TZ 3
3 Mannlochdeckel nur Bb.
4 Seewasser-Eintritt Bb.u.Stb.
5 Seewasser-Austritt Bb.u.Stb.
6 Gasaustritt (Auspuff)
7 „Flettner"-Haupt-u. hint. Tiefenruder
8 Stabilisierungsflosse (4 Stk.)
9 Entlüftungsklappe, TZ 3
10 Propeller mit Haube
11 Hintere Trimmzelle
12 Tauchzelle 3
13 Treibölbunker 2
14 Getriebeöltank
15 Turbinenöltank
16 Sperrwasserzelle
17 Treibstoffbunker 1
18 Trinkwasserzelle
19 Regelzelle
20 Tauchzelle 2
21 Kondensatkühler
22 E.Masch-Oelsammeltank
23 Schmutz-Motorenöltank
24 Motorenoel-Reservetank
25 Auspuff
26 Montageplatte innen
27 Montageplatte aussen
28 Schalldämpfer
29 Speisewasser-Uebernahmeluk
30 Treibstoff-Uebernahmeluk
31 Montageluk
32 Versenkbare Poller
33 Treiböl-Ueberlaufluk
34 Zuluft-Leitung
35 Luftaustritts-Verteiler
36 Sehrohr
37 Turmluk
38 Batterie-Lüftung
39 Luftflaschen
40 Transportluke
41 Notsignal-Auswerfer
42 Flaggenstock
43 Notreltungsboje
44 Entlüftung-Tauchzelle 1
45 Verkleidungshaube
46 Mannlochdeckel TZ 1
47 Tiefenruder-Betätigungsgestänge
48 Stabilisierungsflosse
49 Entlüftung wd. Back
50 Mannlochdeckel wd. Back
51 Slip-Vorrichtung
52 Abschlepp-Klüse
53 Treibstoffbunker
54 Treibölbunker 1
55 Tauchzelle 1
56 wasserdichte Back
57 Destilliertes Wasser-Zelle
58 Trinkwasser-Zelle
59 Schmutzwasserzelle
60 Trinkwasser-Verbrauchshochbehälter
61 vorderer Proviantraum + 1,97 t Ballast
62 Trimmzelle vorn
63 frei durchflutet
64 GHG-Kanzel
65 Echolot
66 Flutklappe TZ 2, Bb u. Stb.
67 Flutklappe TZ 1, Bb u. Stb.
68 Stabantenne handausfahrbar
69 ex. Schnorchelschacht
70 Sehrohrschacht
71 "INGOLIN"-Anschlüsse
72 lasnehmbare Platte
73 Handlöcher
74 UT-Anlage
75 ST-Anlage
76 Rettungsluk
77 Aussteigluke
Kötzl
gezeichnet 30.06.1994